你懂面包吗

谭海彬 主编

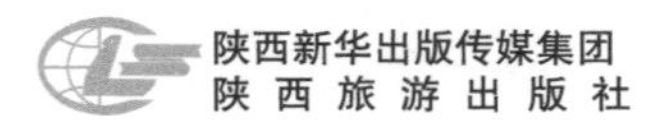

陕西新华出版传媒集团
陕 西 旅 游 出 版 社

图书在版编目（CIP）数据

你懂面包吗 / 谭海彬主编. — 西安 : 陕西旅游出版社, 2018.11
ISBN 978-7-5418-3626-8

Ⅰ. ①你… Ⅱ. ①谭… Ⅲ. ①面包－基本知识 Ⅳ. ①TS213.2

中国版本图书馆 CIP 数据核字(2018)第 083212 号

你懂面包吗 谭海彬 主编

责任编辑：贺 姗
摄影摄像：深圳市金版文化发展股份有限公司
图文制作：深圳市金版文化发展股份有限公司
出版发行：陕西旅游出版社（西安市唐兴路 6 号 邮编：710075）
电　　话：029-85252285
经　　销：全国新华书店
印　　刷：深圳市雅佳图印刷有限公司
开　　本：720mm×1020mm 1/16
印　　张：12
字　　数：200 千字
版　　次：2018 年 11 月 第 1 版
印　　次：2018 年 11 月 第 1 次印刷
书　　号：ISBN 978-7-5418-3626-8
定　　价：39.80 元

前言

烘焙——一样众所周知的美食，越来越多的人已经不单单满足于面包店里现成的美味，而是倾向于亲手做出美味的面包给自己、朋友和家人品尝。当自己亲手制作的面包出炉时，满屋子飘着面包的麦香味，会无比的自豪；当朋友和家人品尝过后露出赞叹的笑容时，心里又多了一丝幸福感。当自豪感和幸福感叠加在一起的时候，那感觉别提多美妙了！《你懂面包吗》的出现就是为了让更多的人体验到这种美妙的感觉。

本书向读者展示了不一样的面包世界，让你从多方面去了解面包。本书的大致内容分别为面包的各方面知识、初级面包、吐司面包、甜咸包、欧风包和起酥包……共 67 款面包，分别用图文并茂的形式介绍了每一款面包，其中包括详细的制作步骤、关键的步骤图和精美的成品图，从而增加你动手制作面包的欲望。

本书还有一个显著的特色，那就是当下流行的二维码元素，扫一扫就能手把手教你做面包，动态的视频和面包的制作紧密相连，巧妙地解读了每一种面包的制作方法，大大提高了面包制作的成功率，即使是初学者也能轻松上手。如果你认为自己是一个可爱的吃货抑或是一个美食爱好者，如果你想在闲暇之余享受制作美食的快乐，抑或是用自己亲手做的面包将幸福带给你的家人或朋友，那就让这本书来带你走上幸福快乐的烘焙之路吧！

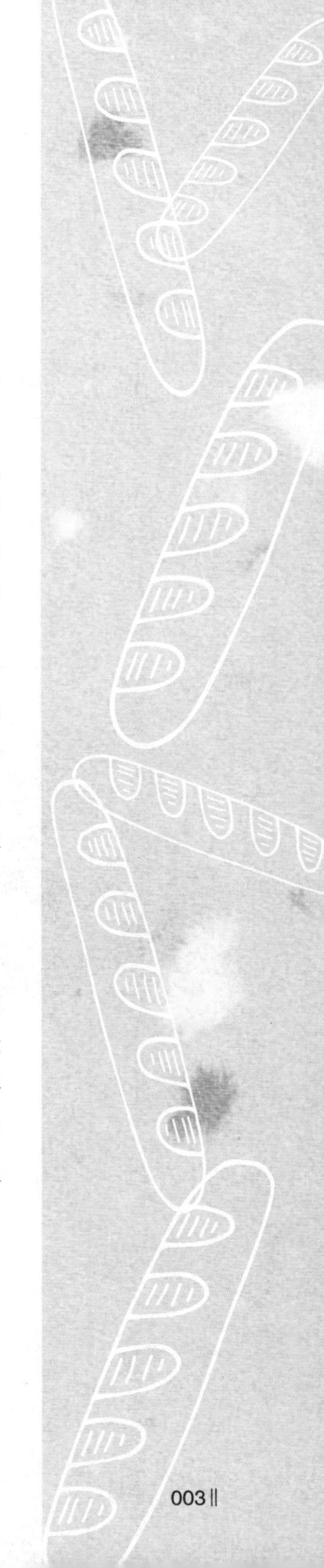

目录

Part 1 面包基础知识宝鉴

Part 2 初级面包&吐司面包，原始搭配味道好

初级面包

Part 4 欧风面包 & 起酥面包，带你洋气一整天

欧风面包

起酥面包

面包基础知识宝鉴

只吃过却没动手做过面包?
没关系!
罗列基础的知识和技巧,
带你熟知面包的多样性,
让你轻松学会做面包,
并体验制作中的快乐和幸福!

面包的起源和历史

自古以来，人们始终保持着对美食的不懈追求。这种追求包含两个方面，一是美味，满足口舌对于味道和品质的追求；二是实用，满足食物最基本的食用功能，可果腹，制作简单又携带方便。

这两个方面的追求，面包都能满足，因而成为了世界各国民众最普遍的食品之一。现在，各个国家都在以不同的方式，加工出各种款式的面包。不过，面包是怎么来的呢？人类在什么时候、什么状况下发明了面包？最原始的面包又是什么样子？

关于面包的起源，其实众说纷纭。因为年代着实久远，很多历史的真相都已无从可知，我们也只能根据有限的史料，加以无限的想象力，进行有限的猜测。

远古时代：面包的雏形

纵观历史，食物从单一化，逐步走向多样化，有着精彩的过程。这也是人类不断追求，不断进步的过程。在这一系列的探索中，我们也可以看到在追求食物过程中闪现出的智慧之光。

在远古时代，我们的祖先使用木棍、石器等工具，通过采集和狩猎获得食物，包括采摘的植物果实、猎获的动物鲜肉等。他们不断发明出新的工具，也不断试验出新的食物制作方法。比如，暂时吃不完的肉，可以用工具挂起来晾晒风干，经过这种简单的加工后，肉类不仅不容易腐烂，而且也更加便于存放和携带，最古老的“腊肉”怕就是来源于此。

后来，人类又发现了“火”，终于摆脱了“茹毛饮血”的时代。当然，一开始是来自大自然的“天火”，或许是一场机缘巧合，让彼时的人类发现了火的诸多用途。他们小心翼翼地保存着珍贵的火种，又学会了摩擦取火等“先进技术”。火可以取暖、驱散猛兽，同时也可以让食物从生变熟，味道更佳。“烧”“烤”“煮”等烹饪方式也随之慢慢出现了。

除了用这些方式来烹制肉类，人们又有了最新的发现。我们猜测，也许是为了照顾年老衰弱、牙齿缺乏咀嚼功能的人，人们将谷物、小麦等植物的果实收集起来，碾压成粉末状，再加入水，用火煮开，就成为最原始的“粥”。

液体的粥类，毕竟携带还是不太方便。人们又尝试将谷物粉和适量的水进行混合，通过“烤”的方式，制作成类似于薄饼的食物。这种薄饼就实用多了，不仅可以在打猎、做工的时候随身携带，随时可食用，还方便储存。

薄饼，已经是面包的雏形了，是没有经过发酵的面包始祖。

古埃及时代：发酵面包出现

关于面包的正式起源，目前，我们最认可的说法是，最早的面包出现于5000多年前的古埃及时代。

很多美食都源自于巧合，在无意中被人发现，面包可能也是如此。我们不妨大胆推测，有一天，人们正在做薄饼的过程中，和好了面团，去忙碌其他事情或休息，一不小心，面团在温暖的地方放置了太久。在这个时候，曼妙的变化正在悄无声息地发生着——空气中的酵母菌趁机侵入了面团，使得面团慢慢发酵、膨胀、变酸。

也不知过了多久，归来的人们将面团按照薄饼的方式烤制，经过发酵后的面团，不似薄饼那样干脆紧实，而是软软绵绵，质地蓬松。人们在品尝之后，觉得味道远胜于薄饼。

就这样，人类食物史上迎来了另外一种新的面食——面包。从此，聪明的人们洞彻了面包的制作方法，开始利用酸面团发酵制作面包。

在古埃及，人们用最简单的炉窑来烤制面包。炉窑是用泥土筑成的炉子，上面开口，底部生火，等到高温的时候把火熄灭，清理出炉灰，再把准备好的面团用器皿装好，放入炉子底部，让面包在炉子的余热中慢慢膨胀，散发出纯正浓郁的香味。

面包一出现，就迅速受到了欢迎，被视为“保命的食物”，用做各种用处。它既是日常的食物，也被当作供奉给神灵的祭品，甚至还是政府官员的俸禄。有资料记载，当时的百姓纳税，上缴的也是一定数量的面包，还有啤酒。可见，面包在古埃及时代，已经具备了弥足重要的社会地位。

古希腊时代：面包多样化发展

历史继续不紧不慢地向前发展，面包也开始了它稳定的“扩张史”。到了古希腊时代，面包漂洋过了地中海，走向更宽广的世界。

聪明的人类不断提升着生活技能，发明和改进更加顺手的工具，比如石臼、筛子，也有了更精细的美食技术。他们学会了研磨出更细、更白的小麦粉，也学会了制作更多花样的面包。

好奇的人们抱着对美食的无限追求，尝试将更多的食材加入到面包的食材中。出现于这个时代的橄榄油、芝麻油等，都被应用于面包制作中，还有陆续新发掘的美食——蜂蜜、山羊奶、牛奶以及各类香辛料……为面包提供了更美好的可能性。

此时，古希腊人已经是制作面包的高手了。他们在实践中摸索，改进了烤制食物的烤炉，上端改成了圆拱形，这样“肚大能容”，可以盛装更多的面团。同时，烤炉的上端空气孔的收小，让炉灶内的保温性能也得到极大的提高。一切，都是为了烤制面包更加方便。

这个时代里，还诞生了一个新的职业——面包师。职业面包师，使用简单的窑炉，已经开始职业化地烤制面包了。

古罗马时期：面包制作技术成形

美食无国界，面包也一样。在古罗马时代，东西方文化交流的桥梁逐渐打通，这其中也包括美食文化的交流，以及食材的互通有无。于是，烤面包的技术也陆续传向更广阔的区域。同时，葡萄干、核桃碎等开始出现在薄饼和面包里。人们尝试着制作夹杂了各种食材的面包，风味多样。

此时，面包已经成为一种基础的、必备的食物，从事面包师职业的人也越来越多，他们的制作手法越来越专业，也越来越受人尊重。慢慢地，又出现了专门培养面包师的学校，还有了面包厂，可以大规模地生产面包。

人们使用的工具，又有了质的飞跃。据说，一种用精细马尾毛编制的筛子也是在这一时代出现的，可以筛出细腻、雪白的小麦粉，让面包的外观更佳。与此同时，制作面包的工艺也在不断提升。罗马人不仅进一步改进了炉灶，甚至发明了最早的面团搅拌机，让面包得以更规模地生产。

随着面包制作技术的不断进步，面包的地位也在稳步提升。到了等级制度森严的中世纪，面包也出现了“阶级之别”。上流社会的人们吃的是洁白的面包，普通的百姓往往只能食用黑面包，质地坚硬，口感粗糙，只是果腹的食物，谈不上美食。

近现代：面包大繁荣时代

随着人类历史的发展，面包持续有着新的变化，迎来了大繁荣时代。1493 年，哥伦布第二次到访美洲大陆，发现了玉米。那个时代，诞生了玉米面包的雏形。

14 ~ 16 世纪，正处在意大利文艺复兴运动时期，出现了最早的面包行会组织，通过法规，对面包的制作规格和面包房的经营权作出了指导和一定的约束，为面包行业的规模发展起到了一定的推动作用。

传说在 18 世纪，英国的一位贵族在吃面包的时候，突发奇想，让仆人在两片面包里夹上肉，吃着更方便。这个脑洞大开的创新之举，让三明治亮相历史舞台，很大程度上改变了欧洲人、美洲人的饮食习惯。后来，又出现了新的“变种”，那就是现在随处可见的汉堡。

18世纪末的欧洲工业革命，制作面包的机械开始出现了，调粉机、面包分块机、烤炉……机械化的出现，让面包的生产得到了飞跃式的发展。面包走向了工业化生产的道路，在工厂里大规模地生产。

科技，也在为美食的发展铺路。在此之前，人们制作面包，使用的是天然存在的微生物作为菌种，进行发酵。因此，制作面包的过程比较长，失败率也比较高，常常因为发酵不足，面包无法膨胀起来。实际上，此时人们只知道发酵的方法，并不知道发酵的原理，也就无法规模系统地运用。

这一时期，出现了一个重大转机。科学家们成功发现了酵母菌，洞悉了微生物和发酵的秘密。人们终于知道了发酵的原理——酵母菌的缺氧反应，产生二氧化碳和乙醇。二氧化碳使面团膨胀，形成松软的面包。这一发现，对面包、啤酒的制作，意义重大。

到了20世纪前期，各个领域的工业化都开始突飞猛进，在欧洲国家，已经开始批量生产酵母，又一次加速了面包的发展历史。同时，随着辅料的不断开发，各类新鲜品种的面包不断出现：椰蓉面包、豆沙面包、花生酱面包、肉松面包……各大面包厂和公司也争相出现，市场竞争加剧，已经形成了相对成熟的商业体系。

这时，与我们当下看到的场景相差不大了，我们面对种类繁多的面包，还有众多知名品牌可供选择。面包经历了5000多年的发展，仍在不断地改良，不断地蓬勃发展，成为长盛不衰的美食。

面包在中国

食物的发展，总是受特定的自然条件和社会条件的限制，而一旦产生，其演变也有着极为清晰的路径依赖。

而饮食习惯的一旦养成，是极为保守谨慎的。这种保守始终存在，比如，我们会偶尔尝试其他民族的食物，但只是尝鲜或者换口味，大多数时间里，还是要回归自己传统的饮食方式。就像中国的北方人在南方居住多年，可能还是倾向于面食。而习惯了吃米饭的南方人，在北方也会苦恼于怎么天天都吃面食。

在古代，同样是以谷物粉作为原料，当古老的西方人将谷物粉加工成为面包，逐渐成为传统主食的时候，东方人却热衷于将其加工成另外的食物，如面饼、面条。

中国人习惯了蒸、煮的方式，除了面饼、面条，又慢慢出现了包子、饺子、馒头、馄饨、汤圆，不管有馅料，还是没有馅料，在食用上都是或蒸或煮的方式。而西方人对于主食的烹饪方式与中国人截然不同，饼干也好，面包也好，都是通过烤制、烘焙。这种方式，在古代中国是极少使用，也是极少出现的。

所以有人说，中国跟面包错过了数千年。

那么，面包是什么时候传入中国的？据记载，明朝万历年间和明末清初时，意大利和德国传教士相继将面包的制作方法，带入了中国东南沿海城市。19 世纪末，俄罗斯的面包制作技术也传入了中国东北地区。

这种美食和技术来到中国，并没有如在欧洲其他国家一样，迅速地本土化，而是一直到 20 世纪 70 年代后期，才得到升华。直到此时，中国人才开始接受和喜欢上这种食物，街上开始涌现出许多个面包房。

至今，面包也成为备受中国人喜爱的食物之一。当然，我们更多将其定位为早餐、旅途食品、快餐品。面包不是中国人的主食，我们的餐桌上，更多可见的仍旧是米饭、馒头这些我们从古老时代一直沿袭下来的食物。

看似简单的食物延展之路，实质上也是历史变迁、社会文化结构发展、科技进步等多重力量和因素潜移默化的产物。基于不同的水土和社会结构，西方和东方拥抱了不同的主食，这也是世界文化百花争鸣、各不相同的完美展现。

这样看来，面包与东方也不算错过。几千年前，如果我们也选择了制作面包，谁来为世界发明同样美味的面条、包子、米线等花样繁多的美食呢？

面包的种类

全麦面包

全麦面包是一种很受欢迎的面包，这种面包在制作的过程中没有去掉麦类颗粒的任何一个部分，甚至包括了麦类的外壳——糠，因此这种面包还被叫作全谷面包。正是由于包含了所有麦类成分，使得全麦面包富含膳食纤维，营养价值极高，因此一直被奉为最健康的面包品种之一。这种面包质地较粗糙，有一股淡淡的谷香，一般呈现褐色，但是褐色的面包并不一定是全麦面包。

白面包

白面包由麦类最中心的胚乳部分做成，是最常见的面包之一。白面包质地较软，口感微甜，常搭配牛奶豆浆作为早餐食用，也可作为主食，这在西方国家比较常见。另外，为了给白面包更多不同的味觉体验，还有人将蔬菜、香草混合加入其中一起食用。

杂粮面包

顾名思义，杂粮面包就是用五谷杂粮制作的，其中包括大麦粉、小麦粉、燕麦粉、玉米粉、赣花籽、核桃、榛子等原料，然后将其混合揉成面团发酵而成，因此称之为“杂粮面包”。相对于其他面包，杂粮面包有着更加丰富的膳食纤维、维生素及多种微量元素，能帮助人体均衡营养，促进健康。

酸酵面包

酸酵面包没有加入任何酵母，由水和面粉混合制作发酵而成，一般带有轻微的酸味，常作开胃之用，不过也有人不喜欢这种酸酸的感觉。酸酵面包质地一般较为紧密，碳水化合物的含量较高。

黑麦面包

黑麦面包是全麦面包的一种，由黑麦粉或者黑麦与小麦的混合面粉制作而成。黑麦面包一般颜色较深，口味较重，膳食纤维也较多。许多欧洲国家比较钟爱这种面包，例如德国、芬兰、俄罗斯等。这种面包结构紧密，不易消化，因此在食用后分解速度相对较慢、只需少量的胰岛素就可保持人体血液的平衡，因此多吃黑麦面包可以预防糖尿病。

吐司

用长方形带盖或不带盖的烤听制作的听型面包就叫作吐司，这是一种常见的法式面包。通常，吐司面包切片后，在一面涂上黄油、牛油、果酱等，再将两块切片夹起来热食。因为吐司低温时会变硬，风味口感都会变差，而加热后吃起来松软香甜。另外，也可在切片中夹入蔬菜、火腿等做成三明治，这种做法颇受人们的喜爱。

牛角面包

牛角面包其形状似牛角，外酥内软，是远近闻名的“维也纳甜面包”中最经典的面包。其造型来源众说纷纭，据说当年土耳其进攻维也纳时被连夜磨面粉的面包师发现了，上报给了国王。当时维也纳为了纪念这个面包师，就把土耳其军队人手一把的“土耳其弯刀”做成了面包的模型。而对于基督徒而言，牛角面包象征的则是死亡与再生。

法式长棍面包

长条形的“棍子面包”是法式面包的代表，其中长棍面包是最传统的法式面包。法式长棍面包配方简单，营养丰富，麦香味浓郁，深受法国人及世界各地面包爱好者的喜爱。标准的长棍面包在形状和重量上都有一个统一的标准，一般是每条长 76 厘米，重 250 克，而且斜切必须有 7 道裂口的才算正宗。

花式面包

这类面包通常奇形怪状、造型各异，适合与家人朋友一起自制。另外花式面包可依据个人口味加入肉松、热狗、蜂蜜、香橙、肉桂、紫薯等，因此是一款自由发挥性比较大的面包。

面包制作的基本理论

从田间青青的小麦，到细嫩白滑的面粉，再经过一系列的加工过程，最终变成了餐桌上可口的面包，食物发生着神奇的变化。这其中，其实蕴含着许多的科学理论，包含物理、化学、生物等诸多学科。

比如，面包为什么是膨胀的？为什么表皮金黄，内在酥软？当面团放入烤箱，又发生了什么我们不知道的变化？对这些常识进行简单的了解，能够帮助我们更好地制作美食。

面包为什么是膨胀的

蓬松、鼓胀，是面包区别于其他美食的最主要的特征。那么膨胀是如何实现的？面粉、酵母、水、糖，是制作面包不可缺少的四大原料，也正是这四种原料的相互作用，发生化学反应，让面包最终膨胀起来。

面粉中的蛋白质和碳水化合物，在面包发酵中起着最主要的作用。而蛋白质内蕴含麦谷蛋白、麦清蛋白和麦胶蛋白等，能够吸水膨胀形成面筋质。

当我们将面粉、酵母、水和糖混合成生面团，酵母在氧气不足的情况下开始工作，会将面团中的糖类转化为二氧化碳和乙醇，这正是发酵的过程。发酵会不断产生二氧化碳，而面筋质会随着二氧化碳的膨胀而膨胀，体积是之前的数倍。所以，我们会看到，发酵后的面团会远远大于生面团，这是面包的第一次膨胀。

发酵产生的二氧化碳，被面筋质包裹着，可以有效阻止二氧化碳的溢出，让面团具有保气能力。而当我们在进行面包的切割或者成型阶段时，二氧化碳被一定程度地排出，这会进一步增加面筋的弹性。

当面包进入烤制环节的时候，膨胀又一次发生了。我们将发酵好的生面团放入烤箱加热，当中心温度达到一定程度时，水分变成水蒸气排出，形成蒸气压。与此同时，生面团中的二氧化碳继续膨胀，使面包再次发生膨胀，内部蓬松。

最终，面团内的淀粉、面筋开始固化，结束膨胀，面包也就最终成型了。

松软湿润的“面包芯”

在烤箱中，适宜的中心温度下，一个成功的面包，内部是湿润松软的。把出炉后的面包掰开，能看到它的内部构造，由拥有成千上万个小气孔的海绵体构成。我们试着按压面包内部，能够感受到它的弹性和湿润。

生面团完成最终发酵，温度通常保持在35℃左右，进入烤箱加热的过程中，面包的表层和内在都开始发生变化。热能从烤箱底部传导到中心部位，生面团的中心温度超过50℃，在二氧化碳膨胀的带动下，面团也发生膨胀。

一系列神奇的生物反应也同步出现了，淀粉开始糊化，蛋白质开始软化，面团中的水分开始变化为蒸气……温度还在持续升高，当达到70℃之后，蛋白质发生凝固，当超过80℃的时候，淀粉开始凝固。继续增高到接近100℃，多余的水分蒸发完毕，紧致、松软的海绵状的“面包芯”也就形成了。

除了与烤箱直接接触的面包底部传来的热能，烤箱中同时发生的放射热、对流热，也通过作用于面包的上部、侧面，对面包进行辅助加热，这些来自“四面八方”的热能相互辅助，让面包受热均匀，共同完成了面包的制作。

在这个过程中，淀粉可以算是最大的“功臣”，我们可以详细看一下它在面包制作过程中的作用。

随着加热，淀粉会经历膨润－糊化－固化的过程，在不同的阶段，呈现出不同的形状。在低温状态下，淀粉是球状颗粒。随着温度的增长，淀粉吸收一定水分，开始膨润，淀粉颗粒因为水分的加入，开始鼓胀。当温度超过了70℃的时候，外膜破裂，淀粉中最粘的部分，也就是直链淀粉和支链淀粉流出，变成具有黏性的啫喱状。随着温度继续升高，多余的水分蒸发，淀粉颗粒也完成了全部固化，面包的烤制完成，“面包芯”也固化成了我们看到时的样子。

面包表皮为什么是黄灿灿的

面包表皮的颜色跟配料相关，添加了足量的鸡蛋、黄油，表皮会呈现淡黄色；如果配合咖啡、可可，表皮会呈现深棕色；各类果汁的加入，也会对面包表皮的颜色有一定的影响和调节作用。

常见的普通面包，表皮往往是黄棕色或者红褐色，这是适当的烤炉温度下，原料成分发生焦糖反应、褐色反应的结果。面包表皮的颜色，不仅关系着观感，也影响着面包的口感和品质。

当我们将加工好的面团送入烤箱，在加热的过程中，面包表层的颜色就开始了悄悄的变化。烤制刚刚开始时，来自烤箱底部的传导热能促使面团向上膨胀，表皮就撑开了，慢慢变薄。面团内水分向上蒸发，会让表层也变得湿润。

而来自烤箱上部的放射热能，又慢慢让这些水分散发，面包表皮变得干燥，一湿一干的过程中，面包表皮和“面包芯”实现分离，变得分明。然后，烤箱里的温度持续提高，表皮的受热温度会达到140℃以上，面粉内含有的氨基酸化合物和羰基化合物（葡萄糖、果糖等）发生作用，又叫美拉德反应，从而生成蛋白黑素。这种蛋白黑素的颜色是黄棕色，也就让烤制完成的面包呈现出黄灿灿的颜色。

如果继续加热，面包表皮的温度达到了160℃以上，其所含的糖质发生焦糖反应，表皮也就由黄棕色变成了红褐色。如果面包受热均匀，表皮的颜色也会相对均匀。由于顶部承受的热度往往高于其他部位，所以常见的面包，表皮颜色呈现从顶部到底部逐渐变浅的规律。

新手在制作面包时，常常遇到表皮达不到漂亮效果的情况。如果表皮颜色过深，呈现黑棕色，可能是烤箱温度过高；如果表皮颜色过钱，可能是烤箱温度过低，或者烤制时间太短造成的。

此外，配方中有上色作用的糖、奶粉、蛋的配比，对面包表皮的颜色也有影响。如果配比太少，也有可能会导致面包表皮颜色过浅。

面包的香气和营养价值

面包在烤制过程中，就会散发出诱人的香气，在新鲜出炉后，更是味道诱人。这股香气是从哪里来的呢?

如果仔细分辨，当面包表皮发生焦糖反应的时候，会散发出一种香甜的气息。当加热持续，表皮的颜色深化的过程中，甜味会逐渐淡化消失，只留下芳香的气息。

表皮之下，氨基酸化合物与葡萄糖、果糖等成分发生作用时，也会产生香气。简单来说，就是这些成分在加热的过程中相互作用，产生的一种独特的气息。我们在烤制面包时，当闻到这种食物由生变熟的香气，说明面包的内在结构逐渐变化，处于慢慢蓬松膨胀的过程中。同时，鸡蛋液、牛奶在热凝固的过程中，也会产生香气。

刚烤好的面包，我们能闻到明显的香味，这是“面包芯”中乙醇的气息。这股气息会随着面包的放置，逐渐挥发掉。因此，刚出炉的面包食用起来，味道和口感最佳。

面包成为人们备受喜爱的食物，甚至是西方国家的主食之一，最重要是因其具有丰富的营养价值。其中，谷物面包和全麦面包营养最为丰富。谷物面包是以谷物、果仁作为原料加工而成，含有丰富的膳食纤维、不饱和脂肪酸等，有助提高身体的新陈代谢；全麦面包中的膳食纤维，让人比较快就产生饱腹感，易于消化，最受减肥者的青睐。

面包制作的基本工具

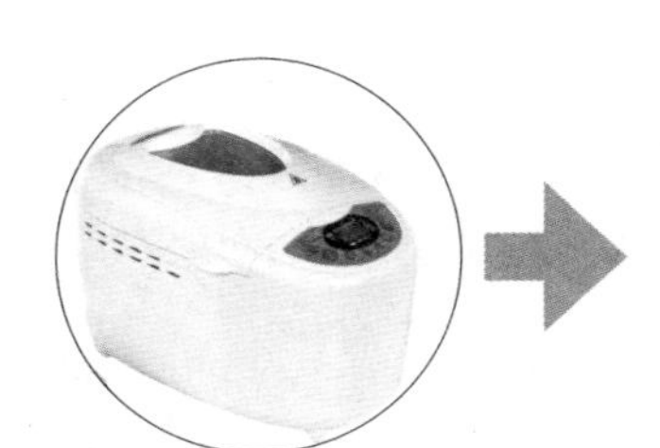

面包机

面包机，即烤面包的机器。它是能够根据设置的程序，在放入配料后，自动和面、发酵、烘烤成各种面包的机器。

烤箱

烤箱在家庭中使用时一般都用来烤制一些饼干、点心和面包等食物。它是一种密封的电器，同时也具备烘干的作用。

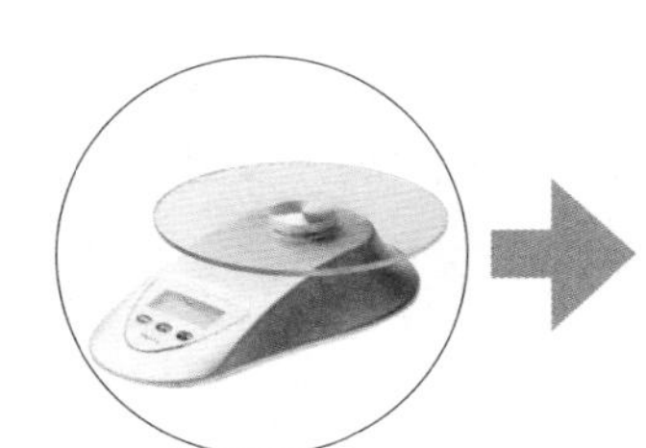

电子秤

电子秤，又叫电子计量秤，在西点制作中用来称量各式各样的粉类（如面粉、抹茶粉等）、细砂糖等需要准确称量的材料。

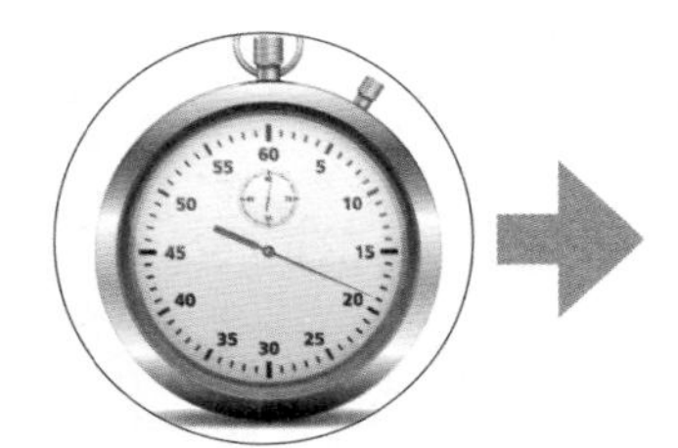

电子计时器

电子计时器是一种用来计算时间的仪器。一般厨房计时器都是用来制定烘焙等时间的，以免时间不够，或烘焙、蒸煮超时。

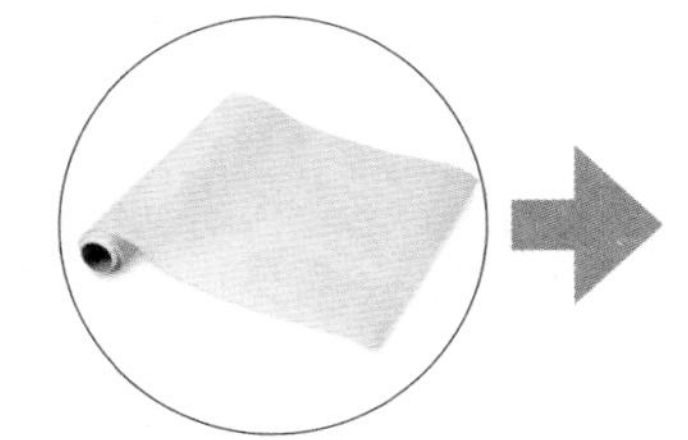

烘焙油纸

烘焙油纸用于烤箱内烘烤食物时垫在底部，防止食物粘在模具上导致清洗困难。其好处是能保证食品干净卫生。

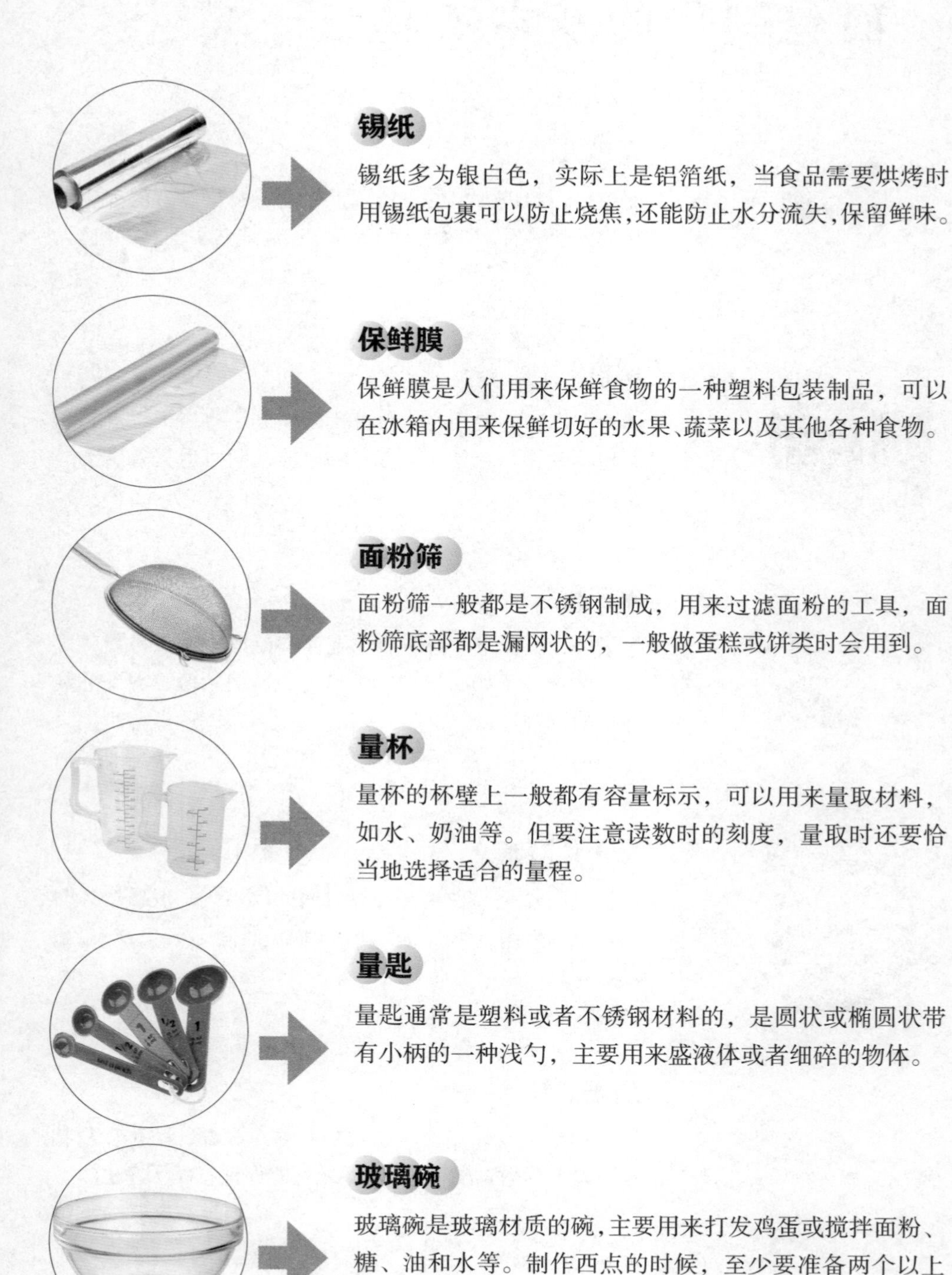

锡纸

锡纸多为银白色，实际上是铝箔纸，当食品需要烘烤时用锡纸包裹可以防止烧焦,还能防止水分流失,保留鲜味。

保鲜膜

保鲜膜是人们用来保鲜食物的一种塑料包装制品，可以在冰箱内用来保鲜切好的水果、蔬菜以及其他各种食物。

面粉筛

面粉筛一般都是不锈钢制成，用来过滤面粉的工具，面粉筛底部都是漏网状的，一般做蛋糕或饼类时会用到。

量杯

量杯的杯壁上一般都有容量标示，可以用来量取材料，如水、奶油等。但要注意读数时的刻度，量取时还要恰当地选择适合的量程。

量匙

量匙通常是塑料或者不锈钢材料的，是圆状或椭圆状带有小柄的一种浅勺，主要用来盛液体或者细碎的物体。

玻璃碗

玻璃碗是玻璃材质的碗,主要用来打发鸡蛋或搅拌面粉、糖、油和水等。制作西点的时候，至少要准备两个以上的玻璃碗。

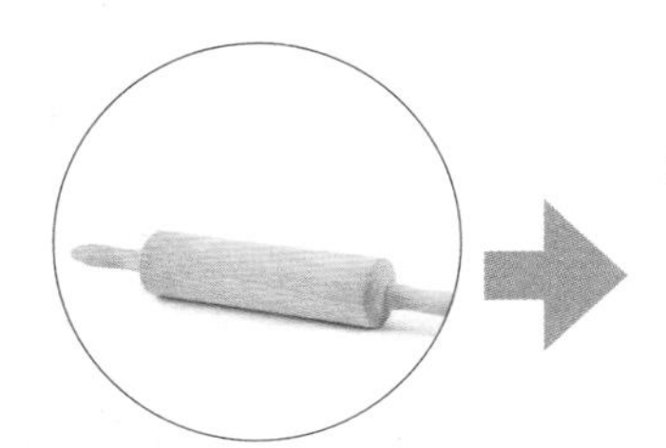

擀面杖

擀面杖是中国古老的一种用来压制面条、面皮的工具，多为木制。一般长而大的擀面杖用来擀面条，短而小的擀面杖用来擀饺子皮。

手动打蛋器

手动打蛋器是制作西点时必不可少的烘焙工具之一。可以用于打发蛋白、黄油等，制作一些简易小蛋糕，但使用时费时费力。

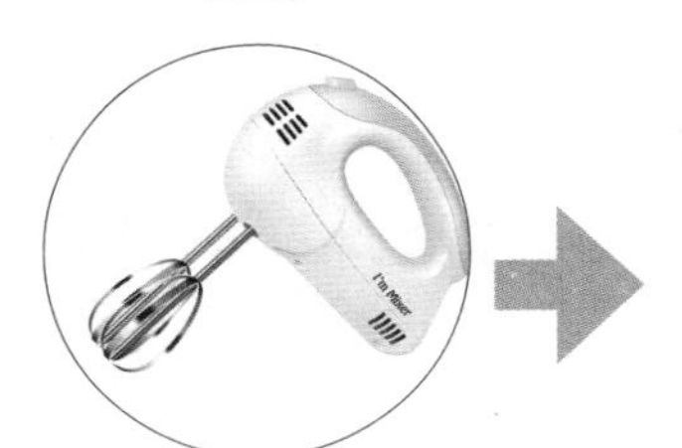

电动搅拌器

电动搅拌器包含一个电机身，配有打蛋头和搅面棒两种搅拌头。电动搅拌器可以使搅拌工作更加快速，材料搅拌得更加均匀。

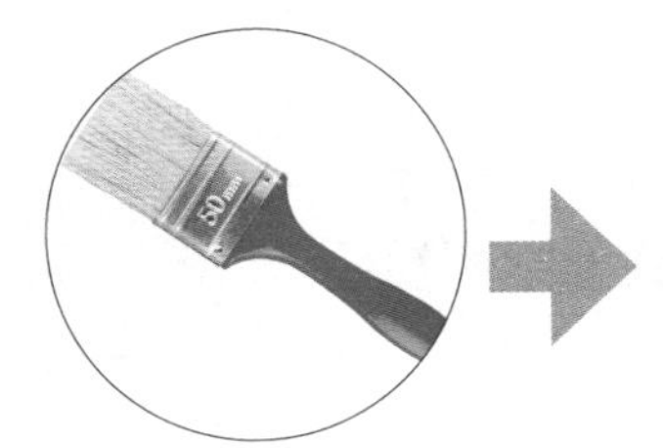

毛刷

毛刷的尺寸较多。能用来在面皮表面刷一层油脂，也能用来在制好的蛋糕坯或者点心上刷上一层蛋液，使烤出来的面点颜色更美观。

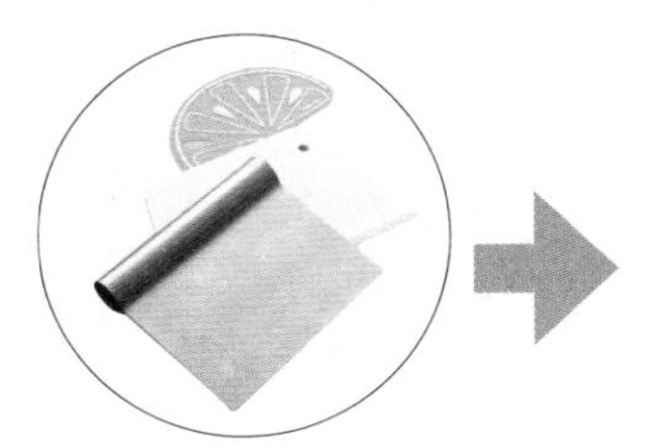

刮板

刮板又称面铲板，是制作面团时刮净盆子或面板上剩余面团的工具，也可以用来切割面团及修整面团的四边。

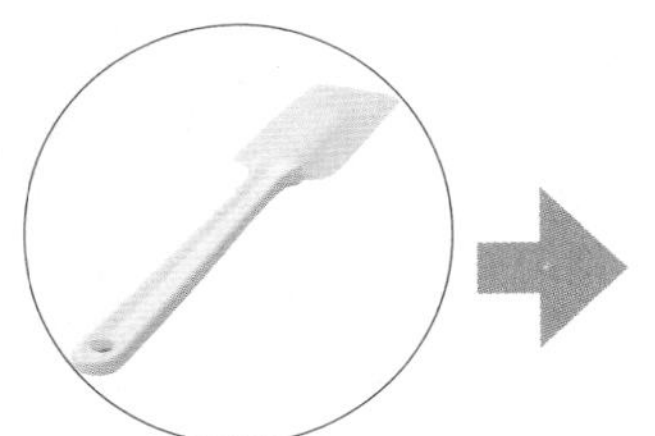

长柄刮板

长柄刮板是一种软质、如刀状的工具，是西点制作中不可缺少的利器。它的作用是将各种材料拌匀，以及将盆底的材料刮干净。

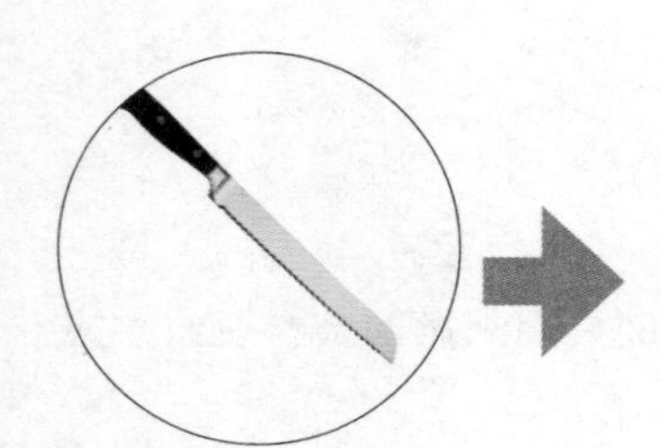

面包切割刀

面包切割刀，主要是在比较大的面包烤好以后，切割时使用。齿形面包刀形如普通厨具小刀，但是刀面带有齿锯，一般适合切面包，也有人用来切蛋糕。

吐司模

烤吐司的模具，除了在烤箱中使用，吐司模也可以放在某些面包机桶内烘烤吐司。

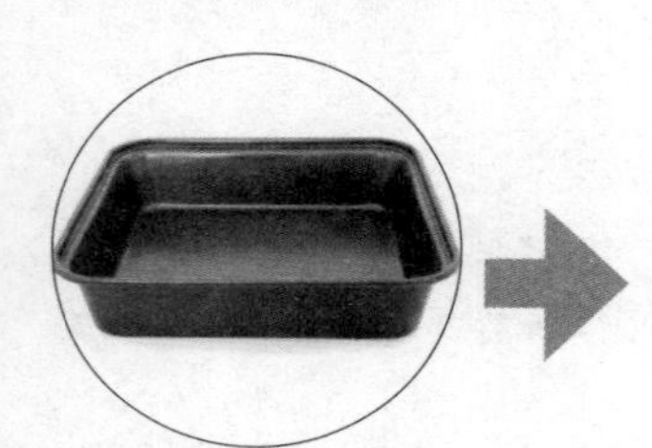

方形烤盘

方形烤盘一般是长方形的，钢制或铁制都有，可以用来烤蛋糕卷、做方形面包等。

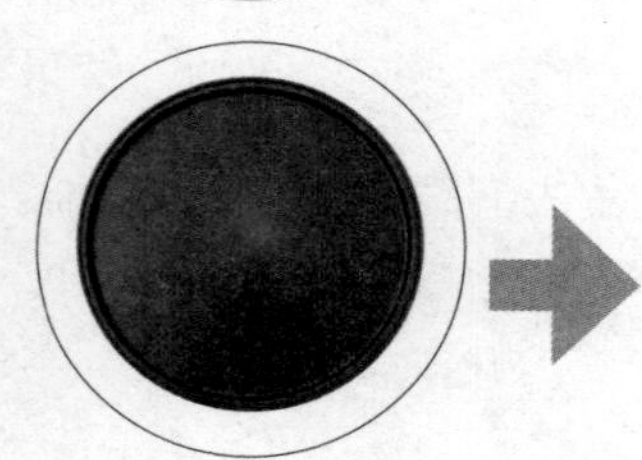

披萨盘

披萨盘的尺寸大小不一，分别有 6 寸、7 寸、8 寸、9 寸和 10 寸等，材质则有铝合金制和铁制等。

面包制作的基本材料

高筋面粉

高筋面粉的蛋白质含量在 12.5% ~ 13.5%，色泽偏黄，颗粒较粗，不容易结块，比较容易产生筋性，适合用来做面包。

中筋面粉

中筋面粉即普通面粉，蛋白质含量为 8.5% ~ 12.5%，颜色呈乳白色，介于高 、低粉之间 ，粉质半松散，多用在中式点心制作上。

低筋面粉

低筋面粉的蛋白质含量在 8.5%左右，色泽偏白，颗粒较细，容易结块，适合制作蛋糕、饼干等。

全麦面粉

全麦面粉主要用来制作全麦面包和小西饼等，是指小麦粉中包含其外层的麸皮，其内胚乳和麸皮的比例与小麦原料成分相同。

杂粮面粉

杂粮面粉是由五谷杂粮和面粉一起掺和而成，可以用于制作杂粮馒头和面包等。经常适量食用杂粮，对身体健康有益。

奶粉

在制作西点时，使用的奶粉通常都是无脂无糖奶粉。 在制作蛋糕、面包、饼干时加入一些可以增加风味。

苏打粉

苏打粉，俗称为小苏打，又称食粉。在做面食、馒头、烘焙食物时，会经常用到苏打粉。

泡打粉

泡打粉作为膨松剂，一般都是由碱性材料配合其他酸性材料，并以淀粉作为填充剂组成的白色粉末。常用来制作西式点心。

无糖可可粉

无糖可可粉中含可可脂，不含糖，带有苦味，容易结块，使用之前最好先过筛。

肉桂粉

肉桂粉是一种味道强烈的香辛料，添加在点心或者面包中能够增加风味。

抹茶粉

抹茶粉中含有人体所必需的丰富的营养成分和微量元素，具有独特的香味，可以作为一种营养强化剂和天然色素添加剂。

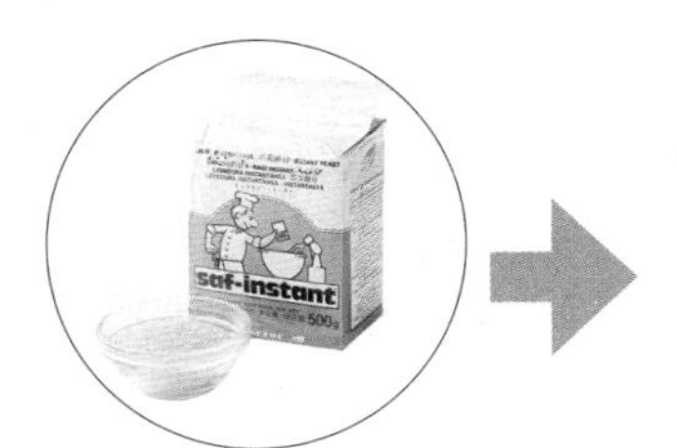

酵母

酵母能够把糖发酵成酒精和二氧化碳，属于一种比较天然的发酵剂，能够使做出来的包子、馒头等口感松软，味道纯正、浓厚。

黄油

黄油又叫乳脂、白脱油，是将牛奶中的稀奶油和脱脂乳分离后，使稀奶油成熟并经搅拌而成的。黄油一般应该置于冰箱存放。

片状酥油

片状酥油是一种浓缩的淡味奶酪，由水乳制成，色泽微黄，在制作时要先刨成丝，经高温烘烤就会化开。可以用于制作起酥面包。

牛奶

营养学家认为，在人类食物中，牛奶是人体钙的最佳来源。用牛奶来代替水和面，可以使面团更加松软，更具香味。

酸奶

酸奶是以新鲜的牛奶作为原料，经过有益菌发酵而成，是一种很好的天然面包添加剂。

小麦胚芽

小麦胚芽呈金黄色颗粒状，胚芽是小麦生命的根源，是小麦中营养价值最高的部分。

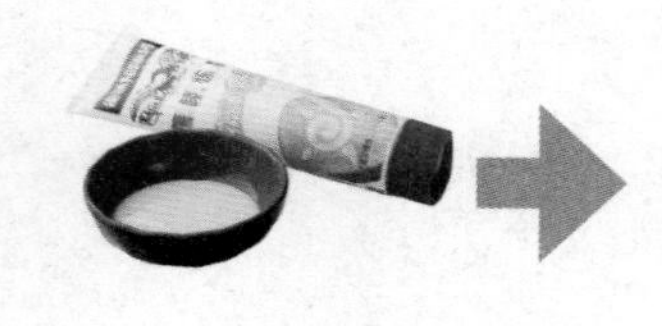

炼乳

炼乳是“浓缩奶”的一种，是一种将鲜乳经过真空浓缩或用其他方法除去大部分的水分，浓缩至原体积25%～40%的乳制品。

白奶油

白奶油又叫作动物性淡奶油，由牛奶提炼出来，本身不含有糖分。打发前需放在冰箱冷藏8小时以上。

芝士粉

芝士粉为黄色粉末状，带有浓烈的奶香味，大多用来制作面包以及饼干等，有增加风味的作用。

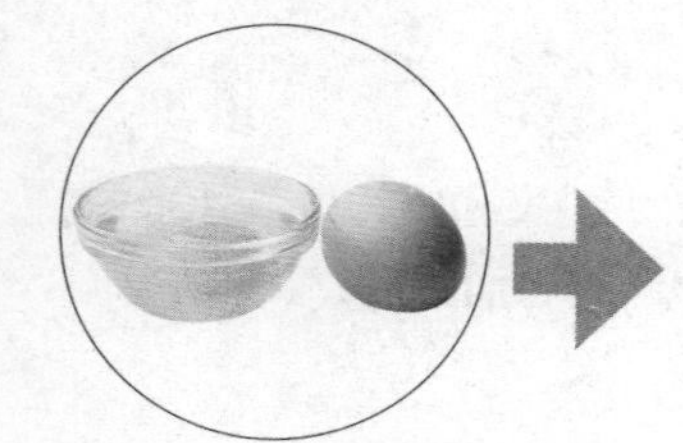

鸡蛋

鸡蛋的营养丰富，在制作面包过程中常用到鸡蛋，鸡蛋最好放在冰箱内保存，把鸡蛋的大头朝上，小头朝下放。

糖粉

糖粉的外形一般都是洁白色的粉末状，颗粒极其细小，含有微量玉米粉，直接过滤以后的糖粉可以用来制作西式的点心和蛋糕。

细砂糖

细砂糖是经过提取和加工以后结晶颗粒较小的糖。适当食用细砂糖有利于提高机体对钙的吸收，但不宜多吃，糖尿病患者忌吃。

红糖

红糖，又叫作黑糖，有浓郁的焦香味。因为红糖容易结块，所以使用前要先过筛或者用水溶化。

蜂蜜

蜂蜜，即蜜蜂酿制成的蜜。其主要成分有葡萄糖、果糖、氨基酸，还有各种维生素和矿物质元素，是一种天然健康的食品。

葡萄干

葡萄干是由葡萄加工而成的，味道较甜，不仅可以直接食用，还可以把葡萄干放在糕点中加工成食品供人品尝。

核桃仁

核桃仁口感略甜，带有浓郁的香气，是巧克力点心的最佳伴侣。烘烤前先用低温烤 5 分钟溢出香气，再加入面团中会更加美味。

南瓜子

南瓜子表面呈绿色，口感酥脆。经常适量食用具有延缓衰老、延年益寿的作用。

红枣

红枣又名大枣，选购的时候需要注意选择那些颜色红润、无虫蛀的新鲜红枣。

桂圆干

桂圆干又叫龙眼干，带核时呈圆球形，果肉呈黑褐色，口感十分清甜。桂圆干有安神定志、补气益血之效，尤其适合女性适量食用。

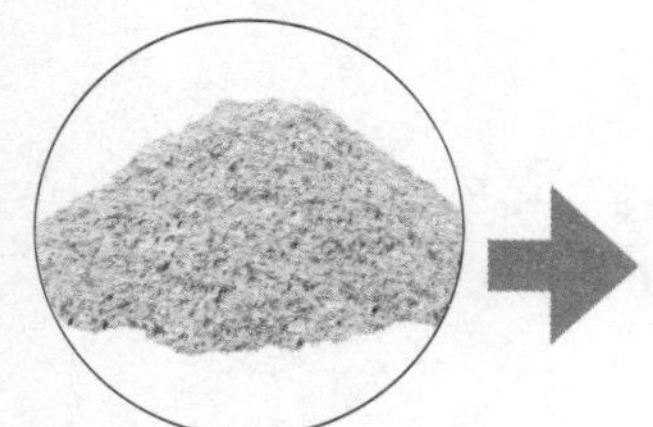

即食燕麦片

即食燕麦片营养丰富，可以直接用沸水冲泡食用，也可以添加在面包里,增添其口感和营养,一般的超市均有售。

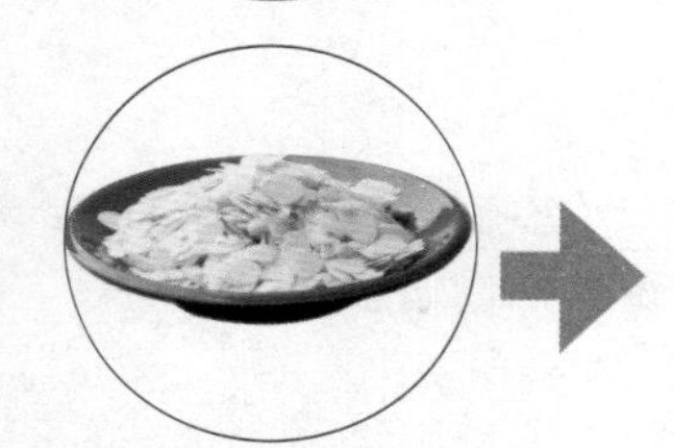

杏仁片

杏仁片是由整粒的杏仁切片而成，适合添加在面包、糕点中，也可作为面包和蛋糕的表面装饰。

椰蓉

椰蓉是由椰子的果实制作而成，可以作为面包的夹心馅料，有独特的风味。

蜜豆

蜜豆是由各种豆类煮熟、糖渍后做成的，可以购买市售真空包装产品，也可以自己制作。

面包制作的大致流程

现在，家庭烘焙风靡国内国外，相对于烤制简单的饼干、蛋糕来说，面包算得上家庭烘焙的一道“难关”，是最有挑战性的活儿了。

面包有多种类型，在制作过程中大多体现在配料的不同上。从面包的制作流程来说基本大同小异，主要分为揉制生面团（手工揉制，或者揉面机操作）、分割、成型、发酵、烤制等。

搅拌面团

面团的搅拌，是面包制作中最基础的步骤，也是成败的关键点之一。

我们需要配备一个厨房电子秤，以及用来称量液体的塑料量筒。按照不同面包的配方比例，将所需要的原材料，包括小麦粉、水、盐、酵母、糖等称量好。在混合的时候，应该先将小麦粉等干性原料均匀地倒入容器中，再用水将砂糖、盐、酵母等水溶性物质溶解，倒入小麦粉中。

揉和的过程，可以人工进行，也可以使用和面机。最初，面团会比较粘手，要坚持揉面，不要轻易添加面粉，随着逐渐地揉和，面团会逐渐变得有弹性。我们可以准备一个塑料刮板，帮助我们将粘在案板上的面团顺利铲下来。

需要注意的是，金属和塑料案板会比木案板顺手一些，鉴于常用木案板的材质纹理，容易滋生细菌，所以不建议使用木案板揉面。

不同的面粉吸水性不一样，不要一次性将所有的水加入面粉中，可以根据面团的实际情况酌情增加。随着揉和，面团慢慢发生变化。小麦粉开始水化，产生面筋组织。此时，水分被生面团逐步吸收，表面不再黏黏糊糊，变得光滑 Q 弹。揉和的过程中，面团不断氧化，水分充分吸收，最终形成内里呈网状结构的面筋组织，此时，面团的揉和也就完成了。

基础发酵

发酵是一个复杂的生化反应，是决定面包制作成败至关重要的一步，直接决定着面包的口感、柔软度和形状等。

基础发酵，是面团的第一次发酵。面团在基础发酵的过程中，面筋发生充分的氧化，增加其延展性。同时，糖类物质被分解转化，也就是我们之前提到的美拉德反应，蛋白质与葡萄糖、果糖反应，产生麦香。

我们常说的发酵管理，是指有效控制发酵的温度和湿度。温度一般不可低于25℃，否则发酵膨胀能力会显著下降，导致面团发育不良。一般情况下，理想的发酵温度是30℃～35℃，理想湿度在70%左右，达到理想的发酵温度和发酵湿度会收获不错的制作效果。

拍打面团排气

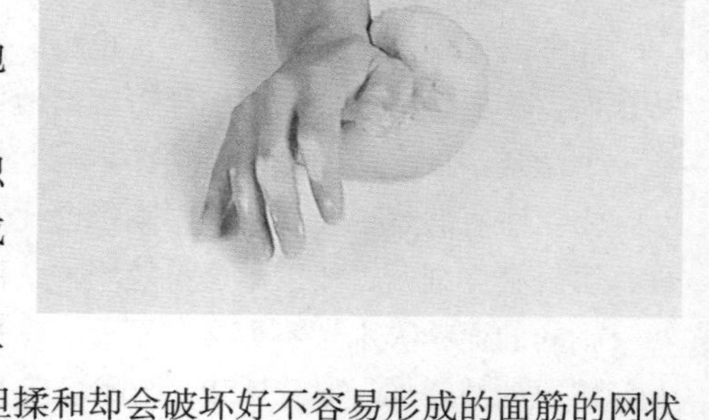

完成发酵后，在二氧化碳的膨胀作用下，面团的体积会扩张到原来的2～3倍。我们需要拍打面团，给在发酵过程中的面团一定的刺激，使二氧化碳排除。

这样做的作用是，让面团中的大气泡分散成为均匀的小气泡，质地更加细密。在用外力作用于面团的过程中，面筋组织也会更加紧实，有助于充分膨胀，面包成型后更加蓬松，口感也更为松软劲道。

需要注意的是，要避免一边拍打、一边揉和。拍打的意图在于排出二氧化碳，但揉和却会破坏好不容易形成的面筋的网状组织。网状组织一旦被破坏，就无法“保护”二次发酵时的二氧化碳，会导致面团无法膨胀起来。

正确的方法是，用手掌从上而下，按压面团，但不能损伤面团。轻轻持续的按压后，把面团简单地折叠，继续拍打按压，然后放回容器中，等待再次发酵膨胀。

分割与搓圆

分割，就是通过称量，把大面团分割成相应重量的小面团，也就是将面团分割成面包的过程。分割之后的小面团，还不是面包的形状，这时候就需要搓圆。

搓圆，会使面团表层形成一层光滑的外皮，可以完整保留新的气体，让面团完美

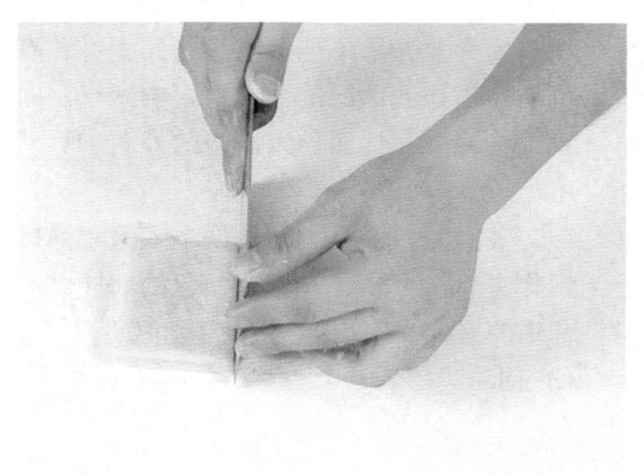

膨胀。这层表皮，也保证了成品面包的表皮光滑，内部组织均匀。通过搓圆这一动作，还可以改善分割时的面团状态，给面筋的网状组织一些刺激，让面包的口感更紧实。

分割和搓圆是紧密连接的两个步骤。在进行搓圆操作的时候，要注意把切口部分彻底密封起来，避免面包松弛变形。当小面团成型后，千万不要对小面团施加任何外力，以免破坏内部结构。

中间发酵阶段

在完成滚圆操作后，小面团需要一个“休息”阶段，一般需要 15 ~ 20 分钟，这就是中间发酵阶段。因为此时的小面团还处于“紧张”的状态，不能马上拉伸，成为我们想制作的面包的形状。如果强制进行，有可能会导致表面干裂，甚至可能断裂。

所以，中间发酵阶段是为了使面团产生新的二氧化碳恢复面团的延伸性和柔软性，让面团的状态达到面包的成型要求。在“休息”过程中，发酵是在不间断进行的，面筋组织从“紧张”中“松弛”下来，体积也比刚完成搓圆时大了 2 ~ 3 倍。

完成了这一步后，我们就可以进行面包的成型操作了。

面包的成型

将经过了中间发酵阶段的面包，调整成理想中的面包形状，就是面包的成型过程。这一步操作完成之后，面包的雏形也就出现。

常见的面包包括圆盘形、棒形、球形等，操作也比较简单。比如，一般的主食面包，手工操作时，可以二次擀开、再卷起后，放入模具压实即可。如果有成型机，操作就更为简单了。

现在，人们在花样上不断翻新，也出现了各种模具，可以制作不同形状和图案的

面包，视觉效果越来越美观。我们所见到的面包，形状与饼干相比，还是单一得多。这是因为，如果单纯追求形状的多样，有可能会损伤到面团的质地，影响到烤制时正常的膨胀，从而导致面包的外观和口感不佳。

事实上，作为一种被许多国家和地区视作主食的食物，人们对面包的功能性和味道的追求，确实要远远高于对其“颜值”的追求。

二次发酵

二次发酵又称最后发酵，是将面包放入烤箱之前的最后一次发酵。在这一环节，我们把成型后的面团放在适宜的温度和湿度空间里，使面团中的酵母重新产生二氧化碳，让面包体积继续膨胀。

二次发酵不充分的面团，在烤箱中无法完成良好的膨胀。而如果二次发酵过度，面包在烤制的过程中容易不受控制，导致变形。

在面包制作过程中，包括初次发酵、中间发酵和二次发酵，一共三次发酵时间。这三次发酵直接关系着面包能否成功制作完成，每一次发酵的作用又不尽相同，期间的关联与区别，我们在后面章节中详细讲述。

面包的烘烤

当二次发酵完成，面包就可以送入烤箱，开始烤制了。

烘烤，是将面团变成面包的复杂过程。在这一过程中，一系列变化同步发生着，微生物和酶被破坏，淀粉糊化，蛋白质和糖类物质发生美拉德反应，保证成品面包的色香味俱全。

不同类型的面包，需要的烤制条件和时间也有区别。一般来说，需要180℃ ~ 240℃的温度区间，10 ~ 50 分钟的烤制时间。

在将成型的面包放入烤箱之前，要先完成烤箱的预热。保险起见，可以将烤箱先预热到 200℃，再将面包放进去，调到所需要的温度。这一步骤，是为了避免面包在烤箱中放置的时间太久，导致表皮变厚，整体变硬，影响烤制的效果。

当面包在一定温度的烤箱中烤制了充足的时间，就可以出炉了。面包完成后，要尽快将面包从烤箱中取出来，以免烤箱内壁的水蒸气打湿面包表皮，功亏一篑。

如果是装在模具里烤制的面包，出炉之后应该马上将其脱模，这样能够更好地保持面包的形状，防止面包塌陷。

冷却和包装

不要以为面包出炉就是最后的环节了，冷却也是不可或缺的一步。刚出炉的面包表皮干脆、内里湿润，需要在常温状态下自然散热，才能使面包表皮和内部的状态完全稳定下来。

这一步骤，欲速则不达，不要试图用电风扇等外力加速冷却，这样会导致表皮的温度急速下降，内部结构却因为水分不能自然排出而回流，面包易出现发潮、发霉的情况。

在冷却的过程中，面包内部多余的水蒸气和乙醇散发出来，这一过程需要 30 ~ 40 分钟。当面包充分冷却后，可以对其进行包装，避免在储存的过程中受到污染，也防止面包水分的过分丢失，从而延长最佳口感期。

面包制作的常见问题

为什么面包进烤箱烘烤后会塌陷？

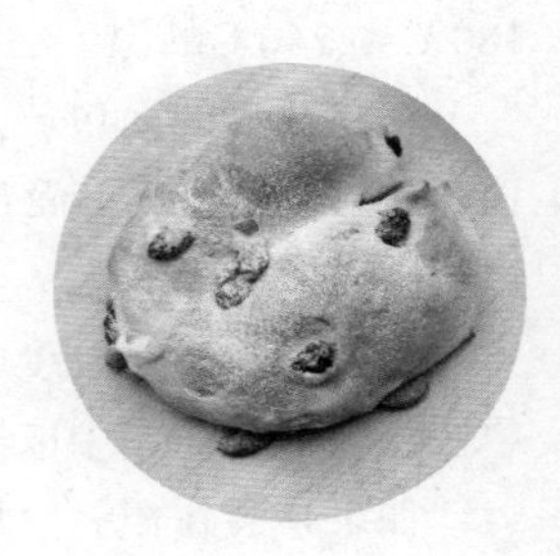

1. 搅拌不足或是搅拌过度使得面筋断裂。
2. 面包发酵中温度过低导致发酵不良。
3. 也有可能是发酵时间过长使得酵母后继无力。

为什么面包内部组织会太干？

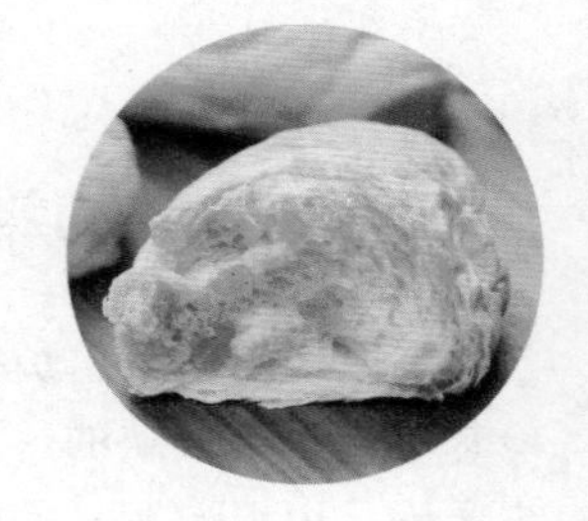

1. 水量及油脂添加不足。
2. 发酵时间过长，保湿不够。
3. 搅拌不足，面团发酵不够。
4. 整型时手粉用得太多。

为什么面包烤出来，表面会太厚太硬？

1. 炉温太低，烤制时间太长。
2. 油脂或糖的量太少。
3. 面团发酵过度。
4. 二次发酵没有完成，面团发得不够，保湿也不够。

吐司烘烤后，为什么会收腰？

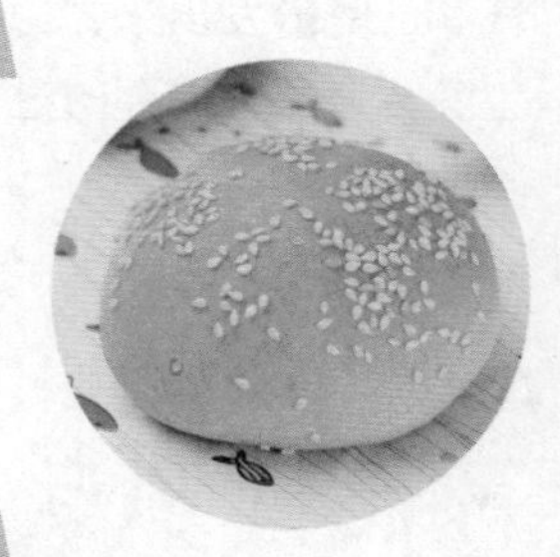

1. 面筋度过强。
2. 成型时面筋松弛不足及成型过紧。
3. 烘烤后，未及时脱模。

面包二次发酵不足会有什么现象？

烘烤后，起发体积不足、组织粗糙、有焦味。

为什么包馅的面包容易爆浆？

可能是因为以下几点原因：一是收口没有捏紧；二是面团本身太干；三是整型的时候太多面粉沾到面团；四是面皮周围沾到内馅的油脂。

做面包时配方中的水温该如何控制？

冬天天气冷的话，为了帮助酵母活动力好，可以将配方中的液体微微加温到体温的程度，大概是 35℃ ~ 40℃，来帮助酵母发酵得更好。而夏天的时候天气热，有时候必须使用冰水延缓搓揉甩打而升高的温度。气温与湿度对做面包的影响非常大，所以必须根据不同的情况来用不同的水温进行制作。

为什么吐司会发不满模？

卷吐司的时候要轻轻地卷起，千万不要紧压，让面团保有弹性。因为吐司是被限制在狭小的空间，压太紧的面团底部就发不起来。在第二次发酵时必须微微加温，帮助酵母增加活力。最好将吐司模放到密闭空间，再放杯热水帮助提高湿度，这样可以让发酵过程更加顺利。如果面团依旧发不起来，那酵母的分量就必须再增加 1/3。

为什么面团整型的时候会回缩？

整型时，面团会回缩，代表面团松弛的时间不够。可以盖上拧干的湿布再让面团松弛 5 ~ 10 分钟，这样就会比较好操作。松弛的目的是为了让面团在整型的时候更好操作，如果没有这个程序，擀开的时候会比较困难，面筋张力会导致面团擀不开。

为什么自己在家做出来的面包没有面包店的好吃？

影响面包成品的因素是比较多的，包括温度、湿度、面团黏度等。任何一个环节没有做好，都有可能影响面包的柔软度。同一个配方多试几次，才容易找到重点。加热面包的时候，喷一点水放进已经预热到 150℃的烤箱中，烘烤 5 ~ 6 分钟，面包就跟刚出炉的一样好吃了。

面包的有效保存方法

甜面包、吐司

有些含馅的吐司和甜面包在室温下可以保存 2 ~ 3 天。值得注意的是，这里的馅料指椰蓉馅、豆沙馅、沙拉馅、巧克力馅、莲蓉馅、奶酥馅等软质馅料。

不含馅的甜面包、吐司面包，是指白吐司、牛奶面包、黄油卷等，这类面包在室温下保存 3 天内食用口感最佳。

欧风面包

欧风面包一般是硬壳面包，当硬壳面包出炉后面包内部的水分会不断向外部渗透，最终会导致外壳吸收水分而变软。硬壳面包要放入纸袋保存，最好不要放入塑料袋。硬壳面包在室温下保存不宜超过 8 小时，如超过 8 个小时，外壳会像皮革般难以下咽。即使重新烘烤，也难以恢复刚出炉时的口感。

重油面包

此类面包因重油重糖，故能保存较久的时间，室温下可储存 7 ~ 15 天。制作重油面包时不要减油减糖，否则不仅会影响口感，而且也会缩短保质期。把面包放进保鲜袋以后，放进冰箱冷冻室急速冷冻到零下 18℃，可以延长面包的保质期。

丹麦面包

丹麦面包包括起酥面包和可颂面包，丹麦面包因含油量高，故保质期较长，室温条件下可以保存一周左右。但需特别注意的是，如果是火腿肠丹麦面包、肉松丹麦面包、金枪鱼丹麦面包等带肉馅的丹麦面包，其保质期是 2 天左右。

调理面包

调理面包是运用甜面包或白吐司面包的配方制成的，饧发后烘烤前，在面团表面或里面添加各种调制好的食物，然后进炉烘烤成熟。火腿、肉酱、碎肉、虾、鱼肉、鱼子酱等食物，都适合制作调理面包。可以将单一食物或者多种食物混合包入面包进行烤制。

这类调理面包的馅料，如番茄、洋葱圈、酸黄瓜片、生菜以及肉酱、玉米罐头等很容易腐败，尤其在夏天，调理面包室温下保存不得超过 4 小时。如果不立即吃完，可以放入冰箱冷藏，能保存 1 天。

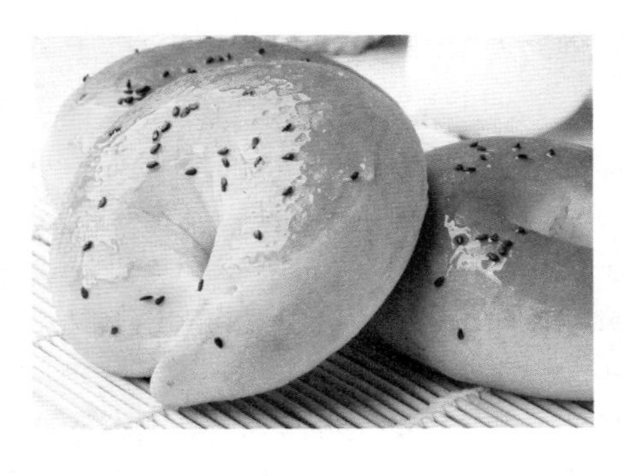

贝果面包

贝果面包的制作过程非常简单，烘焙材料有高筋面粉、糖、黄油、盐、酵母、水。

但贝果面包与其他面包最大的不同是：在烘焙之前，需要先将糖水煮沸，然后将发酵好的贝果面团置入糖水锅中，两面各煮 1 分钟后再捞起沥干。正是因为贝果面包经过这一道与众不同的工序，它的口感比起其他面包咀嚼起来更加有韧性，别有一番滋味。

在做贝果面包时，要十分注意糖浆的浓度，浓度高，保存的时间相对会较长一些。

面团的初次发酵和二次发酵

发酵是一种神奇的反应。酵母分解了面粉中的糖分和淀粉，此时，二氧化碳气体和乙醇释放出来。当二氧化碳气体被面筋温柔地包裹着的时候，面团内部形成成千上万个细小均匀的气泡，使得面团膨胀起来。

我们说过，发酵是面包制作最重要的环节，直接影响着面包制作的成败。因此，度量一定要把握好，发酵不足，面包体积会偏小，口感会偏硬，而且口感粗糙，风味不足。发酵过度，也会过犹不及，面团发酸、变黏，不易操作成型。

我们一般把发酵分为一次发酵（基础发酵）、中间发酵和二次发酵，每一次发酵的作用和效果不尽相同。经过二次发酵的面包，口感和风味才能得到质的飞跃，可以说，二次发酵是美味面包的“画龙点睛”之笔。

发酵与温度

从面团到面包成型的过程中，对环境有着很高的要求，准确地说，是对温度和湿度的要求很高。面团膨胀成面包，就是借助对温度极其敏感的酵母发酵来完成，因而对适宜温度的把握十分重要。如果温度太低，可能会导致面团无法发酵，如果温度过高，又会导致过度发酵，面团萎缩。

我们所说的温度，不仅包括发酵箱的温度，还包括室温。特别是面团发酵箱设备不是非常完备时，就必须利用室温来进行发酵。所以，制作面包的场合经常能看到温度计，用来测量室温。夏天室温变高，面团的发酵会增快，冬天室温低，面团的发酵速度也会有所下降。

除了温度，还要把握好实际掌控的时间。面团揉和完成的温度与发酵的时间，是紧密关联的。面团揉和完成的温度越高，发酵时间就越短，反之，发酵时间就越长。这是面包制作过程中极为关键的一步。

举个例子，如果面包完成揉和的温度是30℃，发酵时间为60分钟，而如果揉和完成时温度是28℃，在相同时间下发酵，有可能就需要70分钟才能完成。当然，在温度相差不大的情况下，如果还是采用60分钟的发酵时间，只要面团完成了一定程度范围内的发酵，也可以烤制出容许范围内的面包成品。但如果温差变化大，就需要调整相应的发酵时间了。

虽然这很繁杂，但记录下配方用水温度、面团揉和完成的温度等等，就能够有效地减少疏失，积攒经验，有助面包制作的顺利完成。

初次发酵和中间发酵

初次发酵又叫作基础发酵，我们在面包制作流程的篇章里面曾有提及。只有在时间非常仓促时，我们将面团搅拌成型，进行一次发酵后就送入烤箱。其他时候，都需要进行中间发酵和二次发酵。因为，只经过一次发酵的面包，从味道和外观上，都无法和二次发酵的面包相提并论。

从一次发酵、中间发酵到二次发酵，面团经历了从充满气体，到排出气体，再到充满气体的过程，酵母活性发挥到了最佳效果，面包的水分持久性增强，表层薄且酥香，内部质地更加松软可口。

初次发酵时，如何判断是否达到了良好的效果？一般来说，此时面团会膨胀到原来体积的 2 ~ 2.5 倍。如果用手指沾上面粉，在面团上戳出一个洞，洞口不会塌陷回缩，不会反弹。

初次发酵完成之后，我们需要给面团“减减肥”了。给“发胖”了的面团拍拍气，让它重新“苗条”下来，分割成需要的大小，搓圆，开始中间发酵。中间发酵又叫醒发，与初次发酵、二次发酵相比，时间比较短，一般在室温下 15 分钟即可。

中间发酵的主要目的是为了面包的成型。如果没有这一步骤，面团的延展性不足，我们很难制作出完美形状的面包雏形。

二次发酵

二次发酵对温度和湿度有较高的要求，温度可以控制在 35℃ ~ 38℃，湿度控制在 80% ~ 85%。

在这一环节，要避免温度过高。如果面团内外的温差太大，会导致发酵不均匀，影响内部结构，还会导致面包表皮的水分蒸发太多，成品的表皮会变厚。

如果温度超过了 40℃，乳酸菌会迅速繁殖，导致烤制完成的面包带有酸味。当然，温度低于 32℃，也会影响面包的制作，发酵太慢，时间太长，面包膨胀不足，烤制后的面包外形扁平，口感也受到很大影响。

如何判断二次发酵的效果？二次发酵，一般需要 40 分钟，此时的面团发酵为原来的 1.5 ~ 1.8 倍，膨胀程度是小于初次发酵的。

面团发酵成熟的时候，外观看起来顶端鼓胀，摸上去相对干燥。当手指轻微碰触面团，能感受到微弱的弹性。如果用手轻轻提拉，面团会被拉出很长的形状，一松手，又会慢慢缩回去。此时，面团内部有很多均匀的细孔，整体质地比较蓬松，仔细闻，还会有一股淡淡的酒香味。

如果二次发酵后面团变瘪、变塌，出现“漏气”的情况，说明发酵过度，面团的延展性超出了正常范围，内部网状组织失去了留住二氧化碳的能力。这种发酵过度的情况，会使面团在烤箱内很难维持原本的形状，也就难以烤出理想的面包了。

面包团的制作

中种面包

▶ 原料

中种部分： 高筋面粉175克，酵母2.5克，清水105毫升

主面团部分： 高筋面粉25克，低筋面粉50克，细砂糖40克，盐3克，蛋液25克，奶粉10克，白奶油25克，清水25毫升

▶ 做法

1. 案台上倒175克高筋面粉，加入酵母，开窝，倒入105毫升清水和面粉混合揉至中种制成，装碗，常温发酵约1小时。

2. 案台上倒入高筋面粉、低筋面粉、奶粉，开窝，加入细砂糖、盐、25毫升清水、蛋液搅匀。

3. 刮入面粉，混合均匀后揉匀。

4. 放入发酵好的中种，搓揉至成面团。

5. 加入白奶油充分搓揉均匀。

6. 稍稍揉圆至成纯滑面团即可。

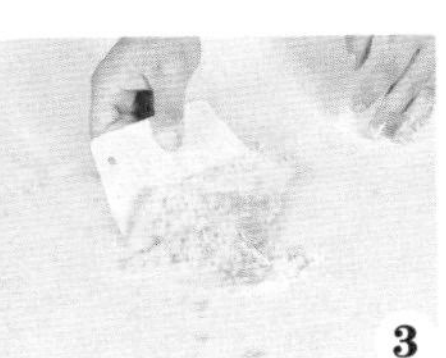

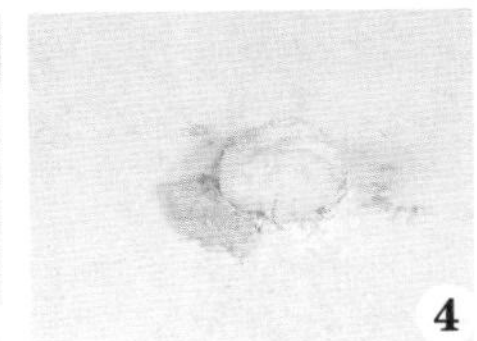

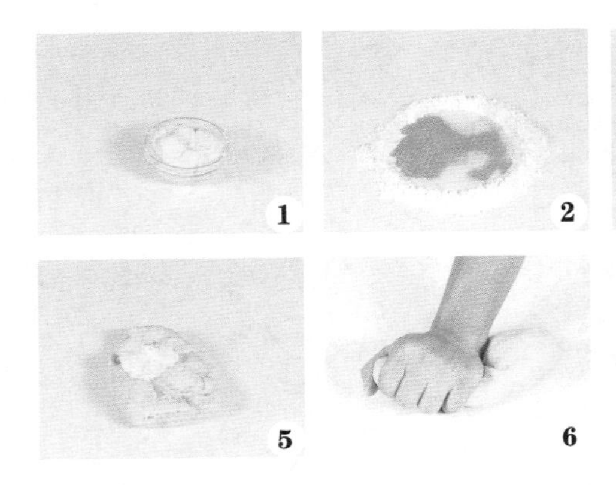

汤种面包

▶ **原料**

汤种部分： 高筋面粉 20 克，清水 20 毫升

主面团部分： 高筋面粉 280 克，低筋面粉 50 克，细砂糖 40 克，盐 3 克，奶粉 10 克，蛋液 25 克，白奶油 25 克，酵母 3 克，清水 116 毫升

▶ **做法**

1. 案台上倒入 20 克高筋面粉，开窝，加入 20 毫升清水。
2. 将面粉与水混合均匀，并揉搓均匀，至汤种制成。
3. 将做好的汤种装入碗中，放入冰箱中冷冻约 1 小时至定型。
4. 案台上倒入高筋面粉，加入低筋面粉。
5. 放入奶粉、酵母，用刮板开窝。
6. 倒入细砂糖、盐、116 毫升清水，搅拌，使材料混合均匀。
7. 加入蛋液，混匀，再刮入面粉，拌匀。
8. 将混合物揉制均匀，加入白奶油，搓揉均匀，制成面团，加入汤种，混合揉匀，至成纯滑面团即可。

丹麦面团

▶ **原料**

高筋面粉 170 克，低筋面粉 30 克，黄油 20 克，鸡蛋 40 克，片状酥油 70 克，清水 80 毫升，细砂糖 50 克，酵母 4 克，奶粉 20 克

▶ **做法**

1. 将高筋面粉、低筋面粉、奶粉、酵母倒在案台上，搅拌均匀。
2. 用刮板在中间掏一个窝，倒入备好的细砂糖、鸡蛋，将其拌匀。
3. 倒入清水，将内侧一些的粉类跟水搅拌匀。
4. 再倒入黄油，一边翻搅一边按压，制成表面平滑的面团。
5. 将揉好的面团擀成长形面片，放入备好的片状酥油。
6. 将另一侧面片覆盖，把四周的面片封紧，擀至酥油分散均匀。
7. 将擀好的面片叠成三层，再放入冰箱冰冻 10 分钟。
8. 10 分钟后取出面片擀薄，依此擀薄、冰冻 3 次，最后再将面片擀薄擀大，擀好的面片切成四等份，装入盘中即可。

搭配面包的基本馅料和酱料

基本馅料

椰蓉馅

▶ **原料**

白砂糖 200 克，全蛋 75 克，椰蓉 300 克，奶油 225 克，奶粉 75 克

▶ **工具**

搅拌器 1 个，奶锅 1 个

▶ **做法**

1. 奶锅中倒入奶油，用小火煮至溶化。
2. 加入白砂糖，搅拌至与奶油融合。
3. 放入全蛋，用搅拌器搅拌均匀。
4. 倒入奶粉，搅拌均匀。
5. 加入椰蓉，搅匀至材料融合即可。

紫薯馅

▶ **原料**

熟紫薯泥 200 克，白砂糖 30 克，白奶油 20 克

▶ **工具**

玻璃碗 1 个，勺子 1 把

▶ **做法**

1. 熟紫薯泥中倒入白奶油，搅拌均匀。
2. 加入白砂糖，用勺子搅拌均匀。
3. 拌至白砂糖与紫薯泥充分融合即可。

乳酪馅

▶ 原料

芝士 200 克，糖粉 75 克，奶油 70 克，玉米淀粉 21 克，牛奶 50 毫升

▶ 工具

搅拌器 1 个，奶锅 1 个

▶ 做法

1. 奶锅中倒入芝士，用小火煮至微溶。

2. 放入奶油稍微搅拌。

3. 倒入牛奶，用搅拌器搅拌均匀。

4. 倒入糖粉，拌匀。

5. 放入玉米淀粉搅拌至材料融合即可。

奶油核桃馅

▶ 原料

奶油 50 克，白砂糖 50 克，鸡蛋 50 克，核桃粉 60 克

▶ 工具

搅拌器 1 个，奶锅 1 个，玻璃碗 1 个

▶ 做法

1. 奶锅中放入奶油，用小火煮至溶化。

2. 倒入白砂糖，加入核桃粉，搅拌均匀。

3. 倒入鸡蛋，用搅拌器搅拌均匀。

4. 关火后将奶油核桃馅装入玻璃碗即可。

苹果馅

▶ **原料**

苹果丁 300 克，奶油 25 克，白砂糖 35 克，玉米淀粉 20 克，清水 45 毫升

▶ **工具**

奶锅 1 个，玻璃碗 1 个

▶ **做法**

1. 奶锅中倒入清水、白砂糖，加入奶油。
2. 用小火煮至材料溶化。
3. 放入苹果丁，煮至微软。
4. 加入玉米淀粉，搅拌均匀。
5. 关火后将煮好的苹果馅装碗即可。

流沙馅

▶ **原料**

咸蛋黄 50 克，奶油 30 克，奶粉 35 克，吉士粉 10 克

▶ **工具**

奶锅 1 个，玻璃碗 1 个

▶ **做法**

1. 奶锅中放入咸蛋黄。
2. 加入奶油，用小火煮至溶化。
3. 倒入奶粉，搅拌均匀。
4. 放入吉士粉，搅拌均匀。
5. 关火后将煮好的流沙馅装碗即可。

巧克力酱

▶ 原料

巧克力 120 克, 奶油 55 克, 白砂糖 30 克, 白兰地 20 毫升，牛奶 100 毫升

▶ 工具

搅拌器 1 个，奶锅 1 个

▶ 做法

1. 奶锅中倒入奶油、白兰地。

2. 加入白砂糖，用搅拌器稍稍搅拌。

3. 倒入牛奶，用小火煮至材料溶化。

4. 放入巧克力，搅拌至溶化即可。

番茄酱

▶ 原料

西红柿丁 80 克，白砂糖 30 克

▶ 工具

搅拌器 1 个，奶锅 1 个，玻璃碗 1 个

▶ 做法

1. 奶锅中倒入西红柿丁，用小火煮至其微微出汁。

2. 放入白砂糖。

3. 用搅拌器搅碎至酱汁浓稠。

4. 关火后将番茄酱装入玻璃碗即可。

日式乳酪酱

▶原料

蛋糕油 5 克，糖粉 50 克，低筋面粉 100 克，奶粉 10 克，水 100 毫升

▶工具

电动搅拌器 1 个，长柄刮板 1 个，玻璃碗 2 个

▶做法

1. 取一大玻璃碗，加入水和糖粉，用电动搅拌器拌匀。

2. 倒入蛋糕油、奶粉、低筋面粉。

3. 将材料稍稍拌匀。

4. 开动搅拌器快速搅拌 3 分钟。

5. 取一小玻璃碗和长柄刮板。

6. 用长柄刮板将拌好的酱装入玻璃碗中即可。

柠檬酱

▶原料

柠檬丝 30 克，柠檬汁 30 毫升，白砂糖 150 克，奶油 60 克，鸡蛋 2 个

▶工具

搅拌器 1 个，奶锅 1 个，玻璃碗 1 个

▶做法

1. 奶锅中倒入柠檬丝，放入白砂糖，用搅拌器稍稍拌匀。

2. 倒入柠檬汁，小火拌匀至白砂糖溶化。

3. 缓缓倒入鸡蛋，不停搅拌。

4. 加入奶油，搅拌均匀。

5. 关火后将煮好的柠檬酱装入玻璃碗即可。

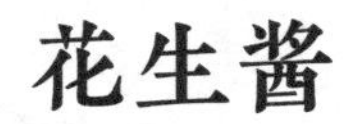

花生酱

▶ **原料**

花生碎粉 200 克，细砂糖 40 克，花生油 40 毫升

▶ **工具**

勺子 1 把，玻璃碗 1 个

▶ **做法**

1. 玻璃碗中倒入花生碎粉。

2. 放入细砂糖、花生油。

3. 用勺子搅拌均匀至细砂糖溶化。

4. 继续搅拌至全部食材融合，装碗即可。

卡仕达酱

▶ **原料**

蛋黄 30 克，细砂糖 30 克，水 150 毫升，低筋面粉 15 克

▶ **工具**

电动搅拌器 1 个，玻璃碗 2 个，奶锅 1 个

▶ **做法**

1. 取一大玻璃碗，倒入蛋黄、细砂糖，用电动搅拌器打发均匀。

2. 加入低筋面粉，搅拌均匀至细滑浆料。

3. 奶锅中注入清水烧开，将一半调好的浆料倒入锅中，用搅拌器拌匀。

4. 关火后将另一半浆料倒入，再开小火搅拌至呈浓稠状。

5. 取一玻璃碗，将煮好的酱料装碗即可。

初级面包＆吐司面包，原始搭配味道好

淡淡的麦香，松软的口感，
加上简单的做法，
初级面包就是这样朴素却又不失美味，
吐司面包就是这样简单却又不失大气。
抛开复杂的装饰和雕琢，
初级面包和吐司面包也会有不一样的精彩。

初级面包

奶油卷

烘焙： 烤箱上层，上火 190℃、下火 190℃，烤 15 分钟

材料

材料	用量
高筋面粉	500 克
黄奶油	70 克
奶粉	20 克
细砂糖	100 克
盐	5 克
鸡蛋	1 个
水	200 毫升
酵母	8 克

工具

工具	数量
刮板、搅拌器	各 1 个
擀面杖	1 根
刷子	1 把
保鲜膜	1 张
烤箱	1 台

扫二维码看视频

做法

1. 细砂糖、水倒入碗中，搅拌至细砂糖溶化。
2. 把高筋面粉、酵母、奶粉倒在面板上，用刮板开窝，倒入糖水混匀。
3. 加入鸡蛋混匀，揉搓成面团，稍微拉平面团，倒入黄奶油，揉搓均匀。
4. 加盐揉搓成光滑的面团，用保鲜膜包好，静置 10 分钟。
5. 将面团分成数个 60 克的小面团，搓成圆球形，用擀面杖擀成片。
6. 将面皮两边往中间叠三角形，翻面擀平。
7. 将面皮卷成橄榄形，制成生坯，放入烤盘中，发酵 90 分钟。
8. 将烤盘放入烤箱，以上、下火 190℃烤熟。取出奶油卷，用刷子刷上适量黄奶油即可。

小贴士

奶油卷生坯一定要卷紧，以免发酵后开裂，影响成品美观。

早餐包

烘焙：上火 190℃、下火 190℃，烤 15 分钟

材料

高筋面粉	500 克
黄奶油	70 克
奶粉	20 克
细砂糖	100 克
盐	5 克
鸡蛋	1 个
水	200 毫升
酵母	8 克
蜂蜜	适量

工具

搅拌器	1 个
刮板	1 个
保鲜膜	1 张
电子秤	1 台
烤箱	1 台
刷子	1 把

扫二维码看视频

小贴士

揉搓面团时，如果面团粘手，可以撒上适量面粉。

做法

1. 将细砂糖、水倒入玻璃碗中，用搅拌器搅拌至细砂糖溶化。
2. 把高筋面粉、酵母、奶粉倒在案台上，用刮板开窝。
3. 倒入备好的糖水，将材料混合均匀，并按压成形。
4. 加入鸡蛋，将材料混合均匀，揉搓成面团。
5. 将面团稍微拉平，倒入黄奶油，揉搓均匀。
6. 加入适量盐，揉搓成光滑的面团。
7. 用保鲜膜将面团包好，静置 10 分钟。
8. 将面团分成数个 60 克一个的小面团。
9. 把小面团揉搓成圆球形，放入烤盘中，使其发酵 90 分钟。
10. 将烤盘放入烤箱，以上火 190℃、下火 190℃烤 15 分钟至熟。
11. 从烤箱中取出烤盘。
12. 将烤好的早餐包装入盘中，刷上适量蜂蜜即可。

1

2

3

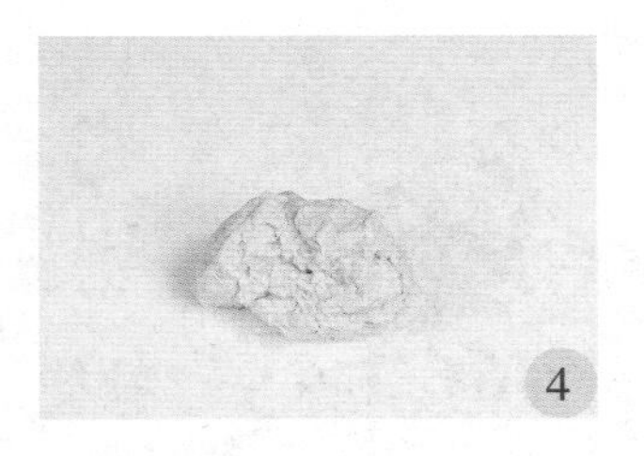
4

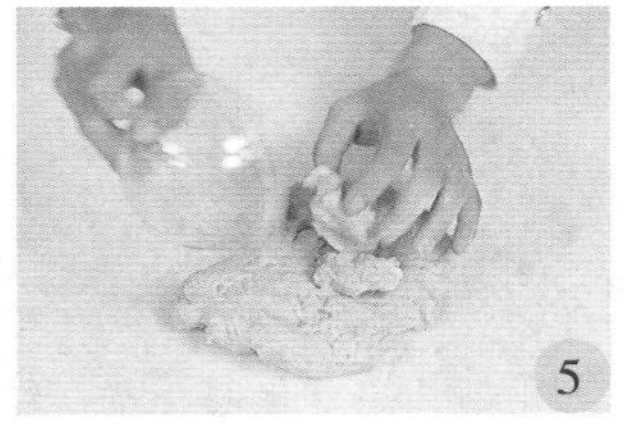
5

6

7

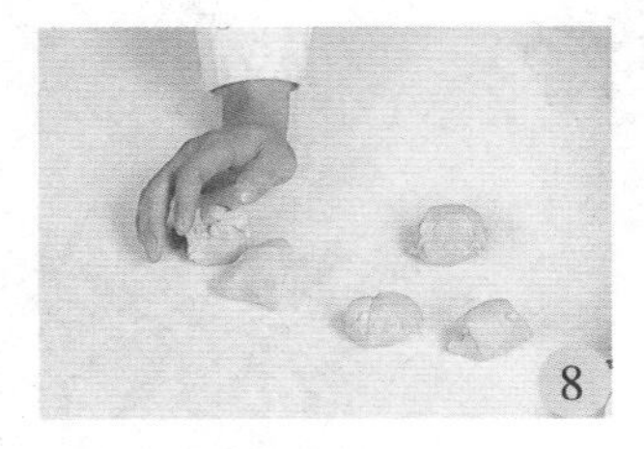
8

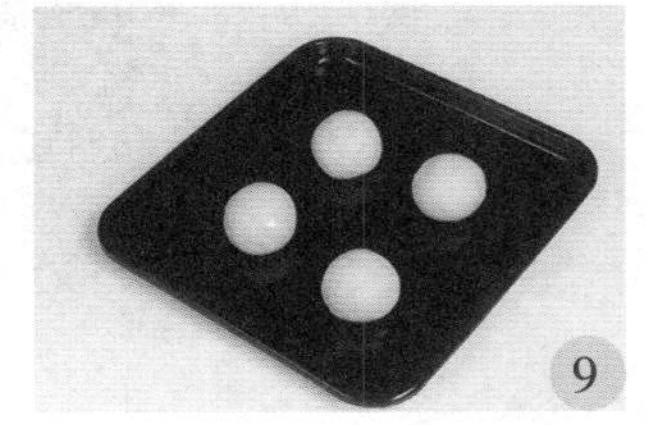
9

10

11

12

牛角包

烘焙： 上火 190℃、下火 190℃，烤 15 分钟

材料

高筋面粉 500 克，黄奶油 70 克，奶粉 20 克，细砂糖 100 克，盐 5 克，鸡蛋 50 克，水 200 毫升，酵母 8 克，白芝麻少许

工具

玻璃碗、刮板、搅拌器各 1 个，保鲜膜 1 张，电子秤 1 台，擀面杖 1 根，小刀 1 把，烤箱 1 台

做法

1. 将细砂糖、水倒入玻璃碗中，用搅拌器搅拌至细砂糖溶化。
2. 把高筋面粉、酵母、奶粉倒在案台上，用刮板开窝。
3. 倒入备好的糖水，将材料混合均匀，并按压成形。
4. 加入鸡蛋，将材料混合均匀，揉搓成面团。
5. 将面团稍微拉平，倒入黄奶油，揉搓均匀。
6. 加入适量盐，揉搓成光滑的面团。
7. 用保鲜膜将面团包好，静置 10 分钟。
8. 将面团分成数个 60 克一个的小面团。
9. 将小面团揉搓成圆球，压平，用擀面杖将面皮擀薄。
10. 在面皮一端用小刀切一个小口。
11. 将切开的两端慢慢地卷起来，搓成细长条。
12. 把两端连起来，围成一个圈，制成牛角包生坯。
13. 将牛角包生坯放入烤盘，使其发酵 90 分钟。
14. 在牛角包生坯上撒适量白芝麻。
15. 将烤盘放入烤箱，以上火 190℃、下火 190℃烤 15 分钟至熟。
16. 从烤箱中取出烤盘，将烤好的牛角包装入容器中即可。

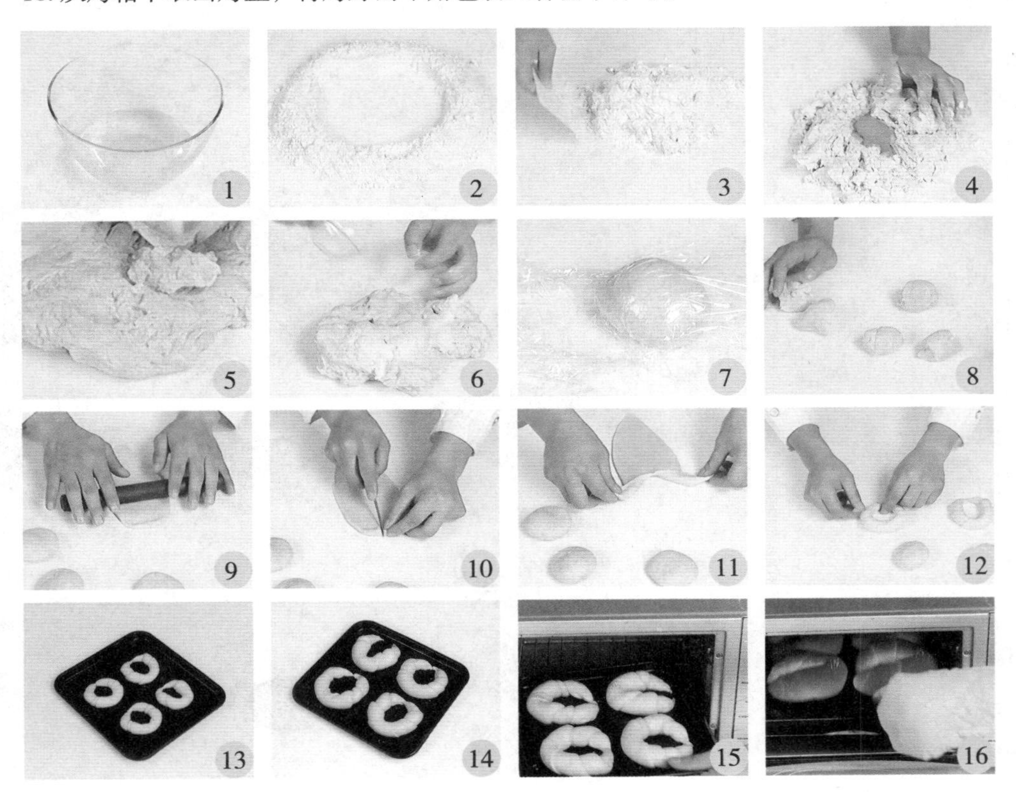

菠萝包

烘焙：上火 190℃、下火 190℃，烤 15 分钟

材料

高筋面粉	500 克
黄奶油	107 克
奶粉	20 克
细砂糖	200 克
盐	5 克
鸡蛋	50 克
酵母	8 克
低筋面粉	125 克
食粉、臭粉	各 1 克
清水	215 毫升

工具

刮板、搅拌器	各 1 个
擀面杖、竹签	各 1 根
刷子	1 把
烤箱	1 台
保鲜膜	2 张

做法

1. 将 100 克细砂糖、200 毫升水倒入容器中，拌至溶化。
2. 把高筋面粉、酵母、奶粉倒在案台上，用刮板开窝，倒入糖水，混匀揉搓，加入鸡蛋，揉成面团。
3. 将面团稍微拉平，倒入 70 克黄奶油，加入盐，揉搓成光滑的面团，用保鲜膜包好，静置 10 分钟。
4. 将面团分成数个小面团，搓成圆形，放入烤盘，发酵 90 分钟。
5. 将低筋面粉倒在案台上，用刮板开窝，倒入 15 毫升水、100 克细砂糖，拌匀，加入臭粉、食粉，混匀，倒入 37 克黄奶油，混匀，揉搓成纯滑的面团，制成酥皮。
6. 取一小块酥皮，裹好保鲜膜，擀薄后放在发酵好的面团上，刷上蛋液，用竹签划上十字花形，制成菠萝包生坯，放入烤箱中，以上、下火均为 190℃的温度烤 15 分钟即可。

小贴士

发酵的时间要掌握好，时间不能太长，也不能太短。

杂粮包

烘焙：上火 190℃、下火 190℃，烤 15 分钟

材料

材料	用量
高筋面粉	150 克
杂粮粉	350 克
鸡蛋	1 个
黄奶油	70 克
奶粉	20 克
水	200 毫升
细砂糖	100 克
盐	5 克
酵母	8 克

工具

工具	数量
刮板	1 个
电子秤	1 台
烤箱	1 台

做法

1. 将杂粮粉、高筋面粉、酵母、奶粉倒在案台上，用刮板开窝。倒入细砂糖、水，用刮板拌匀。
2. 将材料混合均匀，揉搓成面团。
3. 将面团稍微压平，加入鸡蛋，并按压揉匀。
4. 加入盐、黄奶油，揉搓均匀。
5. 用电子秤称取数个 60 克的面团，取两个面团揉匀，放入烤盘，使其发酵 90 分钟。
6. 将烤盘放入烤箱中，以上火 190℃、下火 190℃烤 15 分钟至熟。取出烤盘，将烤好的杂粮包装入盘中即可。

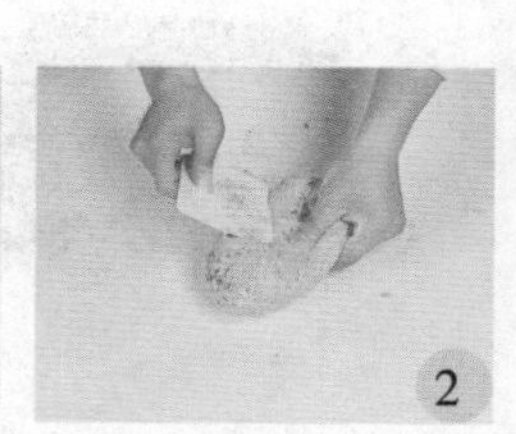

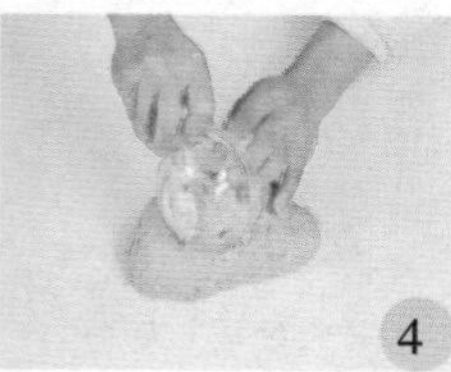

小贴士

黄奶油可以事先熔化，这样容易与其他材料混匀。

南瓜包

烘焙：烤箱上层，上火190℃、下火190℃，烤15分钟

材料

高筋面粉	500克
黄奶油	70克
奶粉	20克
细砂糖	100克
盐	5克
鸡蛋	1个
水	200毫升
酵母	8克
南瓜蓉	适量

工具

刮板、搅拌器	各1个
擀面杖	1根
小刀	1把
烤箱	1台
保鲜膜	1张
玻璃碗	1个
电子秤	1台

做法

1. 将细砂糖倒入碗中，加入水，用搅拌器搅拌均匀，制成糖水，待用。
2. 将高筋面粉倒在面板上，加入酵母、奶粉，用刮板混合均匀，再开窝。
3. 倒入糖水，刮入混合好的材料，揉搓均匀。
4. 加入鸡蛋，揉搓均匀。
5. 放入备好的黄奶油，继续揉搓，充分混合均匀。
6. 加入盐，揉搓成光滑的面团。
7. 用保鲜膜把面团包好，静置10分钟。
8. 去掉保鲜膜，把面团搓成条状。
9. 用刮板切数个60克左右的面团，再摘成数个大小相同的小剂子。
10. 将小面团搓成球状，再捏成饼状，放上适量南瓜蓉。
11. 收口捏紧，搓成球状，再擀成圆饼。
12. 依此将余下的材料做成面包生坯。
13. 把生坯放在烤盘里，再用小刀轻轻划两刀，在常温下发酵90分钟。
14. 把已经发酵好的生坯放入预热好的烤箱里，关上箱门。
15. 以上火190℃、下火190℃烤15分钟至熟，取出装盘即可。

小贴士

划刀口的时候，注意不宜划得太深，以免影响成品美观。

全麦面包

烘焙：上火 190℃、下火 190℃，烤 15 分钟

材料

全麦面粉	250 克
高筋面粉	250 克
盐	5 克
酵母	5 克
细砂糖	100 克
水	200 毫升
鸡蛋	1 个
黄奶油	70 克

工具

刮板	1 个
电子秤	1 台
蛋糕纸杯	4 个
烤箱	1 台

做法

1. 将全麦面粉、高筋面粉倒在案台上，用刮板开窝。
2. 放入酵母刮在粉窝边。倒入细砂糖、水、鸡蛋，用刮板搅散。
3. 将材料混合均匀，加入黄奶油，揉搓均匀。加入盐，混合均匀，揉搓成面团。
4. 把面团切成数个 60 克的小剂子，搓成圆球。
5. 取 4 个面团，放在蛋糕纸杯里，放入烤盘。常温下发酵 90 分钟，使其发酵至原体积的 2 倍。
6. 将烤盘放入预热好的烤箱，上、下火均调为 190℃烤 15 分钟至熟。打开箱门，取出烤好的全麦面包即可。

小贴士

黄奶油和细砂糖不宜放太多。

法式面包

烘焙：上火200℃、下火200℃，烤20分钟

材料

鸡蛋1个，黄奶油25克，高筋面粉260克，酵母3克，盐适量，水80毫升

工具

刮板、筛网、玻璃碗各1个，擀面杖1根，电子秤1台，小刀1把，烤箱1台

做法

1. 将酵母、适量盐放入装有 250 克高筋面粉的玻璃碗中，拌匀。
2. 将拌好的材料倒在案台上，用刮板开窝。
3. 放入鸡蛋、水，拌匀，按压。
4. 加入 20 克黄奶油，继续按压，拌匀。
5. 揉搓成面团，让面团静置 10 分钟。
6. 将面团揉搓成长条状，用刮板分成四个大小均等的小面团。
7. 将小面团用电子秤称出 2 个 100 克的面团。
8. 用擀面杖把面团擀成面片。
9. 从一端开始，将面片卷成卷，揉搓成条状。
10. 把面团放入烤盘中，用小刀在上面斜划两刀。
11. 将面团发酵 120 分钟。
12. 把剩余高筋面粉过筛至面团上，放上适量黄奶油。
13. 将烤盘放入烤箱，以上火 200℃、下火 200℃烤 20 分钟至熟。
14. 从烤箱中取烤好的面包，装入盘中即可。

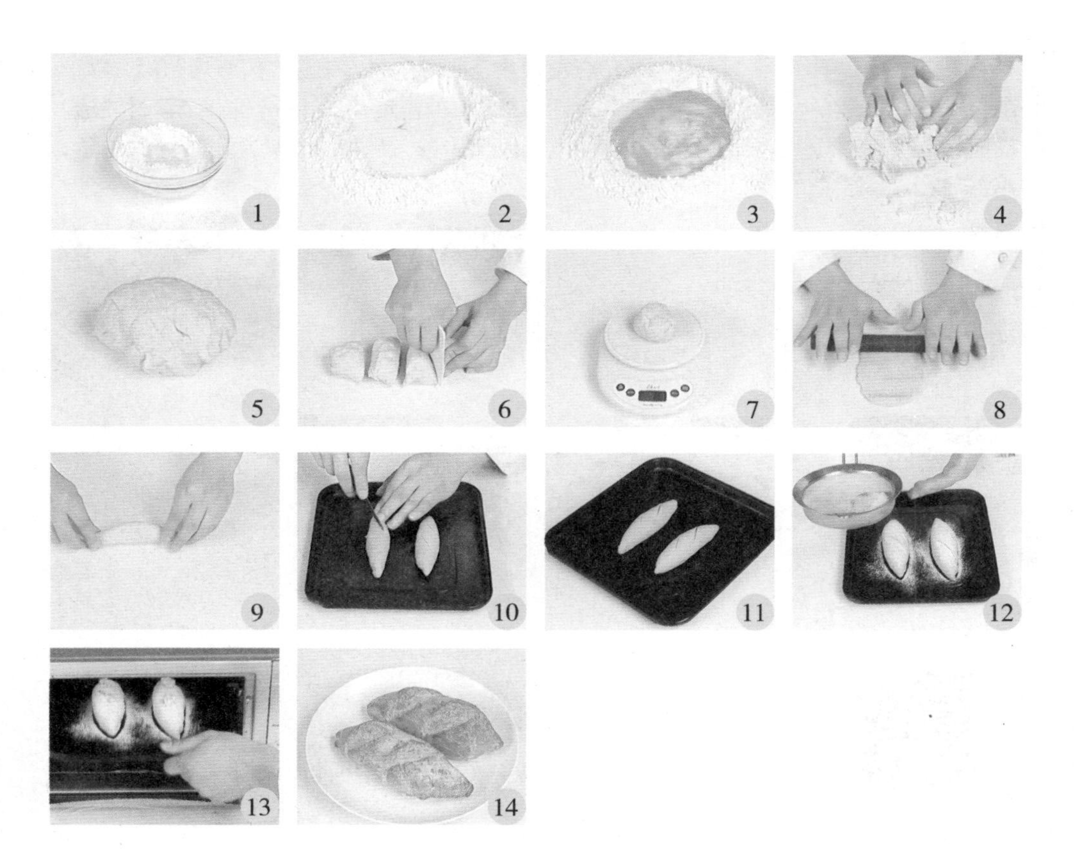

法棍面包

烘焙：上火 200℃、下火 200℃，烤 15 分钟

材料

高筋面粉	250 克
酵母	5 克
鸡蛋	1 个
细砂糖	25 克
水	75 毫升
黄奶油	20 克

工具

刮板	1 个
擀面杖	1 根
小刀	1 把
烤箱	1 台

做法

1. 将高筋面粉、酵母倒在案台上，拌匀，开窝。
2. 倒入细砂糖和鸡蛋，用刮板拌匀，加入水，拌匀。放入黄奶油慢慢地和匀，至材料完全融合在一起再揉成面团。
3. 将面团压扁，擀薄，卷起，把边缘搓紧，装在烤盘中，待发酵。
4. 用小刀在发酵好的面包生坯上快速划几刀，利于散热。
5. 烤箱预热，把烤盘放入中层。关好烤箱门，以上、下火同为 200℃的温度烤约 15 分钟，至食材熟透。
6. 断电后取出烤盘，稍稍冷却后拿出烤好的成品。

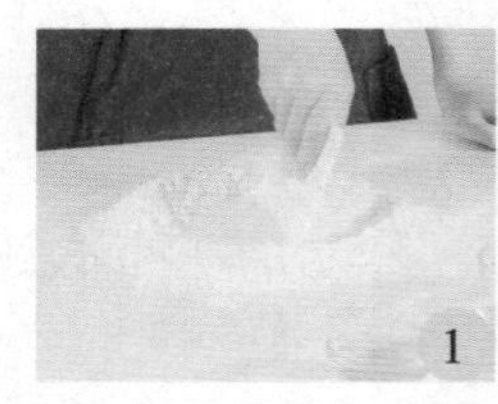
1

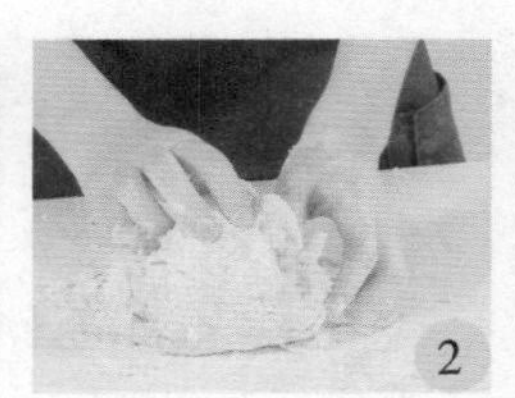
2

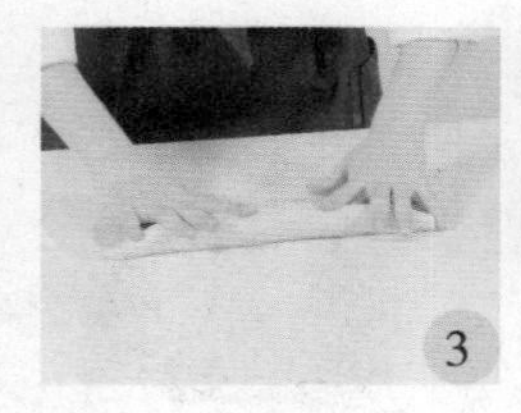
3

4

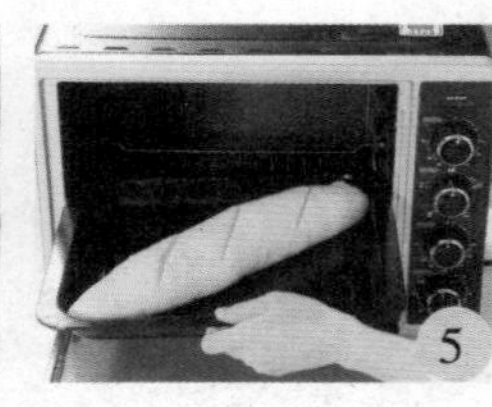
5

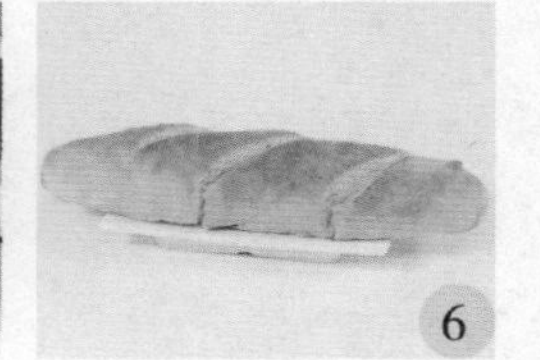
6

扫二维码看视频

小贴士

可根据个人喜好在烤好的面包上撒上适量糖粉。

牛奶面包

烘焙：上火 190℃、下火 190℃，烤 15 分钟

材料

高筋面粉	200 克
蛋白	30 克
酵母	3 克
牛奶	100 毫升
细砂糖	30 克
黄奶油	35 克
盐	2 克
细砂糖（装饰）	适量

工具

刮板	1 个
擀面杖	1 根
剪刀	1 把
烤箱	1 台
高温布	1 块

扫二维码看视频

做法

1. 将高筋面粉倒在案台上，加入盐、酵母，用刮板混合均匀。
2. 再用刮板开窝，倒入蛋白、细砂糖，倒入牛奶，放入黄奶油，拌入混合好的高筋面粉，搓成湿面团。
3. 将湿面团搓成光滑的面团，分成三等份剂子，再把剂子搓成光滑的小面团。
4. 用擀面杖把小面团擀成薄厚均匀的面皮，卷成圆筒状，制成生坯。
5. 将制作好的生坯装入垫有高温布的烤盘里，常温发酵 1.5 小时。
6. 用剪刀在发酵好的生坯上逐一剪开数道平行的口子，再逐个往开口处撒上适量的细砂糖。
7. 取烤箱，放入生坯，关上烤箱门，上、下火均调为 190℃，烘烤时间设为 15 分钟，开始烘烤。
8. 打开烤箱门，戴上隔热手套，把烤好的面包取出，装在篮子里即可。

亚麻籽方包

烘焙： 烤箱中层，上火170℃、下火200℃，烤25分钟

材料

高筋面粉	250克
酵母	4克
黄奶油	35克
水	90毫升
细砂糖	50克
鸡蛋	1个
亚麻籽	适量

工具

刮板、方形模具	各1个
刷子	1把
擀面杖	1根
烤箱	1台

扫二维码看视频

做法

1. 倒高筋面粉、酵母在面板上，用刮板拌匀开窝。
2. 倒入鸡蛋、细砂糖，拌匀，加入水，再拌匀，放入黄奶油。
3. 慢慢地和匀，至材料完全融合在一起，再揉成面团。
4. 加入亚麻籽，继续揉至面团表面光滑。
5. 将面团压扁，用擀面杖擀薄。
6. 将面团卷成橄榄形状，把口收紧，装入刷好黄奶油的方形模具中，待发酵至两倍大即可。
7. 烤箱预热，放入模具。
8. 关好烤箱门，以上火170℃、下火200℃烤约25分钟至食材熟透，取出脱模装盘即可。

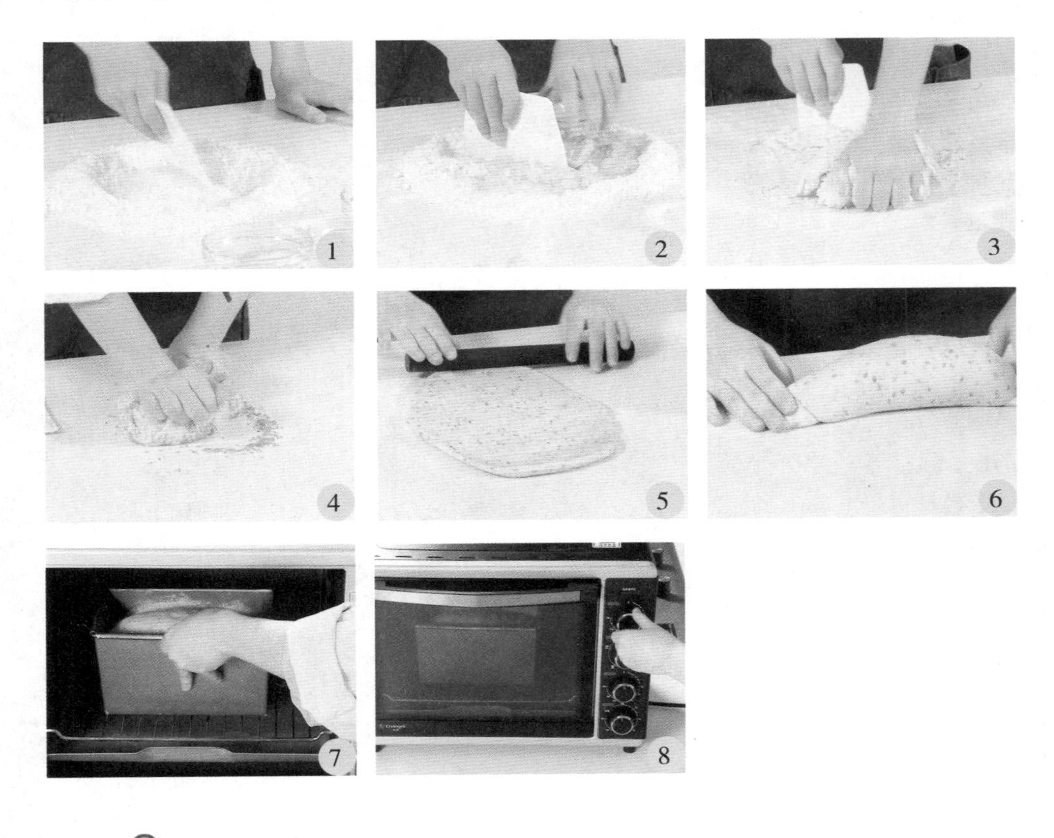

小贴士

一定要等到面团完全饧发，否则会影响成品的外观和口感。

黑米吐司

烘焙： 烤箱下层，上火 175℃、下火 200℃，烤 25 分钟

材料

高筋面粉	500 克
黄奶油	70 克
奶粉	20 克
细砂糖	100 克
盐	5 克
鸡蛋	50 克
水	200 毫升
酵母	8 克
黑米饭	适量

工具

刮板、搅拌器	各 1 个
方形模具	1 个
保鲜膜	1 张
擀面杖	1 根
刷子	1 把
烤箱	1 台

扫二维码看视频

做法

1. 将细砂糖、水倒入碗中，用搅拌器拌至细砂糖溶化。
2. 把高筋面粉、酵母、奶粉倒在面板上，用刮板开窝，倒入糖水混匀，按压成形。
3. 加入鸡蛋，混合均匀，揉搓成面团。
4. 将面团拉平，倒入黄奶油，揉搓均匀。
5. 加盐揉匀，用保鲜膜包好，稍静置。
6. 取适量面团，用擀面杖擀成面饼，铺上黑米饭，再将其卷至成橄榄状生坯。
7. 将生坯放入刷有黄奶油的方形模具中，常温发酵 90 分钟。
8. 预热烤箱，温度调至上火 175℃、下火 200℃。
9. 将模具放入烤箱中，烤 25 分钟至熟即可。

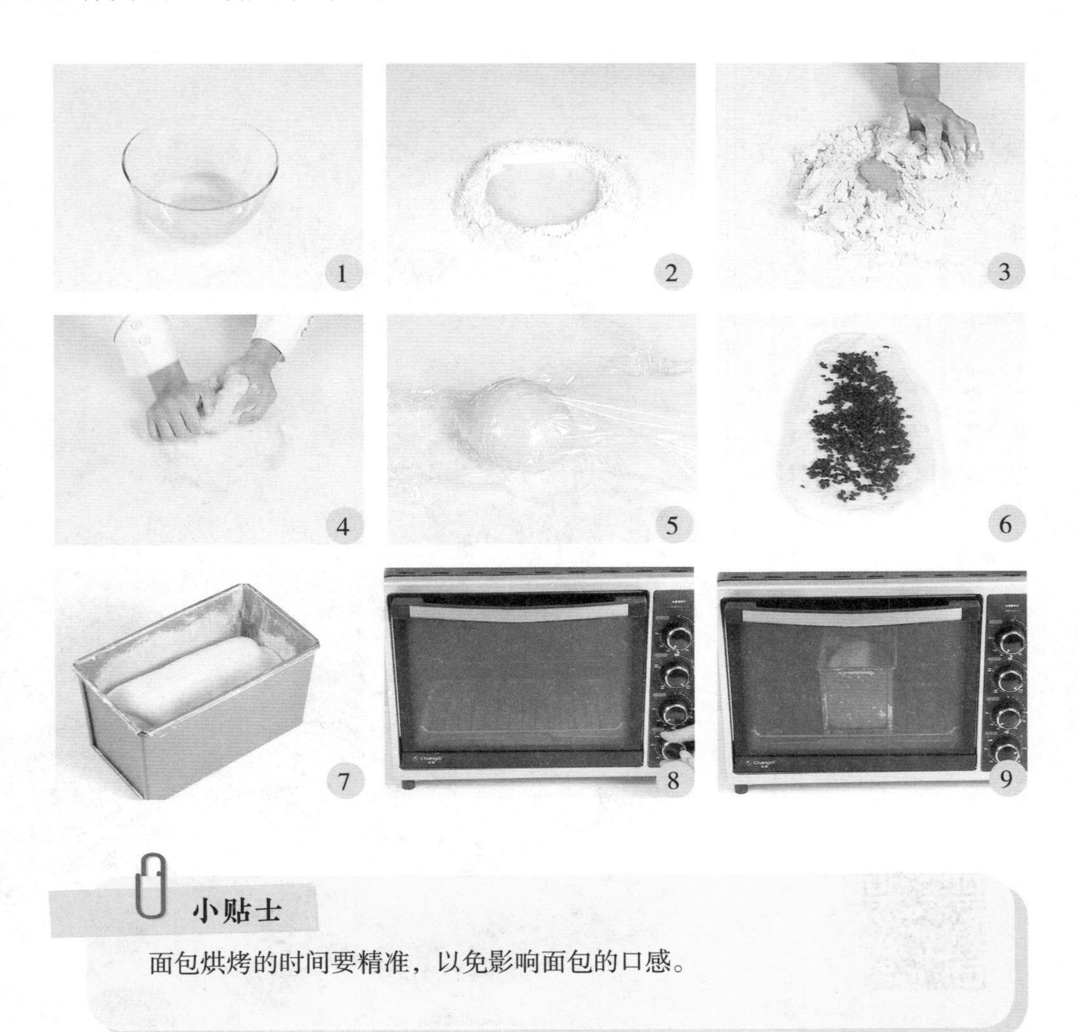

小贴士

面包烘烤的时间要精准，以免影响面包的口感。

提子吐司

烘焙： 烤箱下层，上火 180℃、下火 200℃，烤 25 分钟

材料

材料	用量
高筋面粉	250 克
酵母	4 克
黄奶油	35 克
奶粉	10 克
蛋黄	15 克
细砂糖	50 克
水	100 毫升
提子干	适量
黄奶油	适量

工具

工具	数量
搅拌器、刮板	各 1 个
吐司模具	1 个
刷子	1 把
擀面杖	1 根
烤箱	1 台
电子秤	1 台

扫二维码看视频

做法

1. 将高筋面粉倒在面板上，加入酵母、奶粉，充分拌匀。
2. 用刮板开窝，加入细砂糖、水、蛋黄搅匀。
3. 搓成湿面团。
4. 加入黄奶油，揉搓成表面光滑的面团，称取约 350 克面团。
5. 取吐司模具，用刷子往里面刷一层黄奶油。
6. 用擀面杖将面团擀成面皮，把提子干均匀地铺在面皮上。
7. 把面皮卷成圆筒状，放入刷了黄奶油的吐司模具中，常温发酵至原体积的 2 倍大。
8. 将生坯放入烤箱中，关上烤箱门。
9. 以上火 180℃、下火 200℃烤 25 分钟至熟。

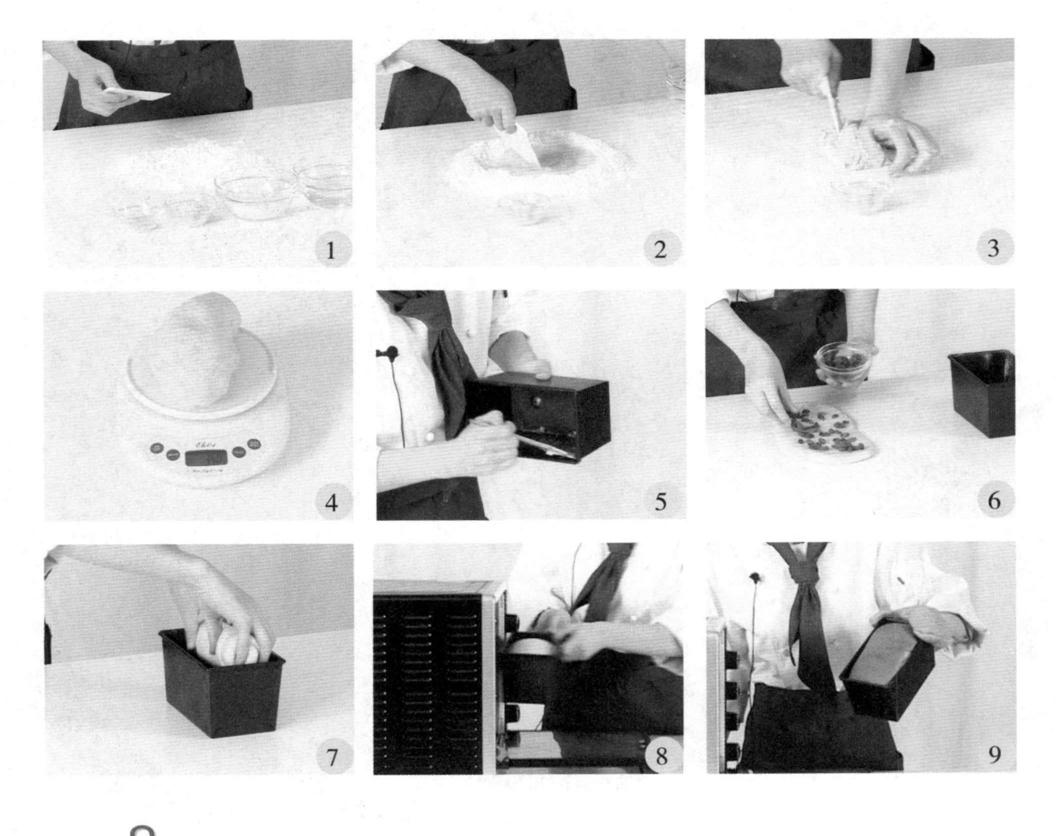

小贴士

往模具里刷黄奶油是为了防止吐司烘烤时会黏在模具上影响美观。

燕麦吐司

烘焙：上火170℃、下火200℃，烤20分钟

材料

高筋面粉	250克
燕麦	30克
鸡蛋	1个
细砂糖	50克
黄奶油	35克
酵母	4克
奶粉	20克
水	100毫升

工具

刮板	1个
方形模具	1个
刷子	1把
擀面杖	1根
烤箱	1台

扫二维码看视频

做法

1. 把高筋面粉倒在案台上，加入燕麦、奶粉、酵母，混合均匀，用刮板开窝。
2. 倒入鸡蛋、细砂糖，加入清水、黄奶油，拌入混合好的高筋面粉，搓成湿面团，再揉搓成纯滑的面团，分成均等的两份。
3. 取模具，里侧四周刷上一层黄奶油，把两个面团放入模具中，常温下发酵1.5小时。
4. 生坯发酵为原面团体积的2倍，准备烘烤。
5. 将生坯放入烤箱中，以上火170℃、下火200℃烤20分钟即可。
6. 打开烤箱门，把烤好的燕麦吐司取出，脱掉模具，装在盘中即可。

1

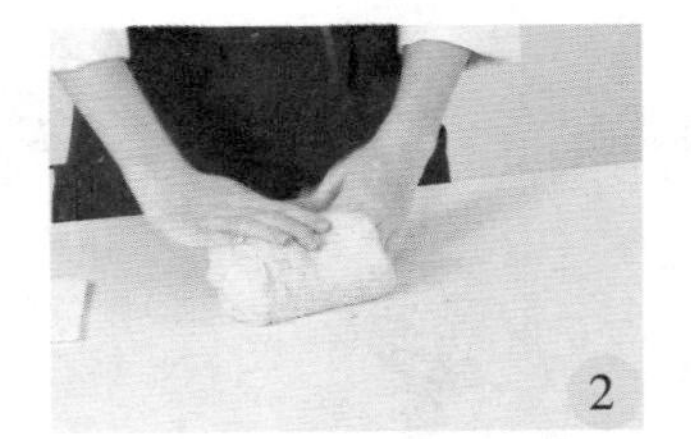

2

3

4

5

6

扫二维码看视频

蜂蜜吐司

烘焙： 上火 190℃、下火 190℃，烤 30 分钟

材料

面团: 高筋面粉 500 克，黄奶油 70 克，奶粉 20 克，细砂糖 100 克，盐 5 克，鸡蛋 1 个，水 200 毫升，酵母 8 克

装饰：蜂蜜适量

工具

玻璃碗、刮板、搅拌器各 1 个，保鲜膜 1 张，擀面杖 1 根，吐司模具 1 个，刷子 1 把，烤箱 1 台

做法

1. 将细砂糖、水倒入玻璃碗中，用搅拌器搅拌至细砂糖溶化。
2. 把高筋面粉、酵母、奶粉倒在案台上，用刮板开窝。
3. 倒入备好的糖水，将材料混合均匀，并按压成形。
4. 加入鸡蛋，将材料混合均匀，揉搓成面团。
5. 将面团稍微拉平，倒入黄奶油，揉搓均匀。
6. 加入盐，揉搓成光滑的面团。
7. 用保鲜膜将面团包好，静置 10 分钟。
8. 将面团用手压扁，擀成面皮。
9. 将面皮卷成橄榄状，制成生坯。
10. 把生坯放入刷有黄奶油的吐司模具里，常温发酵 1.5 小时。
11. 将烤箱上、下火均调为 190℃，预热 5 分钟。
12. 打开箱门，放入发酵好的生坯，关上箱门，烘烤 30 分钟至熟。
13. 戴上手套，打开箱门，将烤好的吐司取出。
14. 吐司脱模后装盘，刷上一层蜂蜜即可。

豆沙吐司

烘焙：上火170℃、下火200℃，烤25分钟

材料

高筋面粉	250克
清水	100毫升
细砂糖	50克
奶粉	20克
酵母	4克
黄奶油	35克
蛋黄	15克
豆沙	80克

工具

刮板、方形模具	各1个
小刀	1把
擀面杖	1根
烤箱	1台

扫二维码看视频

小贴士

吐司烤好后要放凉一会再脱模，以免影响美观。

做法

1. 将高筋面粉、酵母、奶粉倒在案台上，拌匀，用刮板开窝。

2. 倒入细砂糖、蛋黄、清水，慢慢地搅拌匀，再放入黄奶油。

3. 用力地揉一会儿，至材料成纯滑的面团。

4. 取揉好的面团，按平，切成厚片，放入备好的豆沙。

5. 包好，来回地擀一会儿，使材料充分融合。

6. 用小刀整齐地划出若干道小口。

7. 再翻转面片，从前端开始，慢慢往回收，卷成橄榄的形状。

8. 将面团放入涂有黄奶油的方形模具中静置约45分钟。

9. 至材料胀发开来，即成生坯。

10. 烤箱预热，放入发酵好的生坯，关好烤箱门。

11. 以上火为170℃、下火为200℃的温度烤约25分钟后取出。

12. 烤好的吐司待凉后脱模，摆好盘即成。

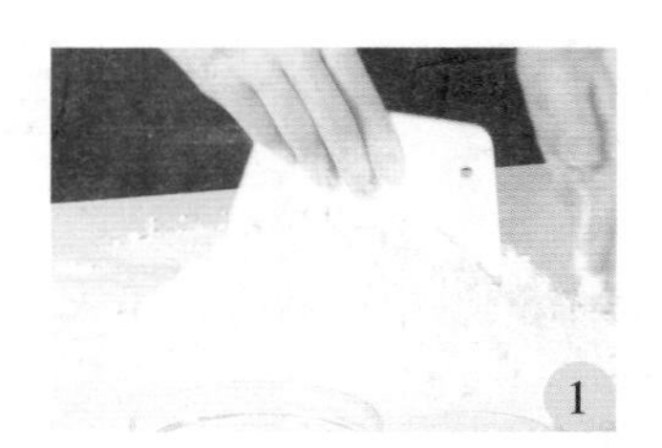

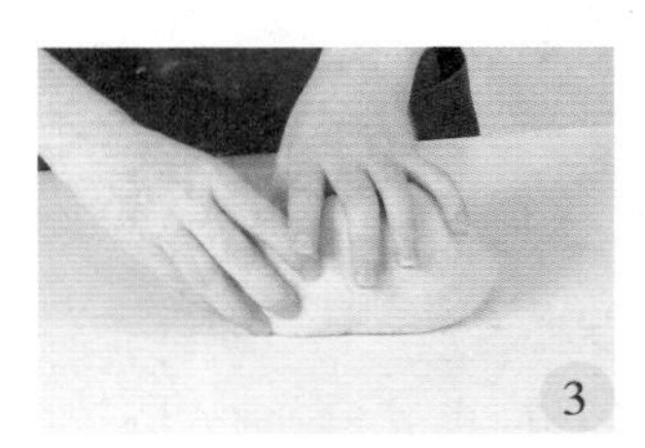

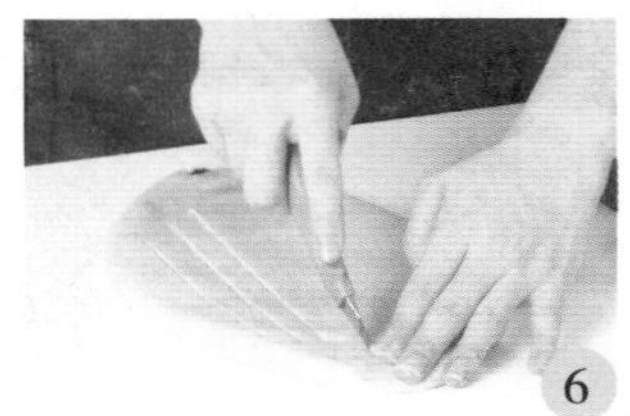

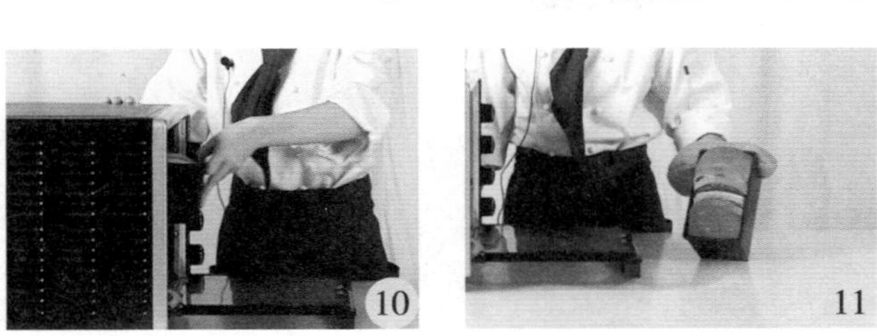

芝士吐司

烘焙：上火 190℃、下火 190℃，烤 10 分钟

材料

吐司	2 片
火腿	1 片
芝士	20 克
黄奶油	30 克

工具

蛋糕刀	1 把
烤箱	1 台

做法

1. 取一片吐司，放在铺有高温布的烤盘里，抹上一层黄奶油。
2. 放上火腿片，盖上另一片吐司。
3. 在吐司上再铺上一层芝士。
4. 把吐司放入预热好的烤箱里。以上火 190℃、下火 190℃烤 10 分钟。
5. 取出烤好的芝士吐司。
6. 将吐司用蛋糕刀将其切成三角块，最后装入盘中即可。

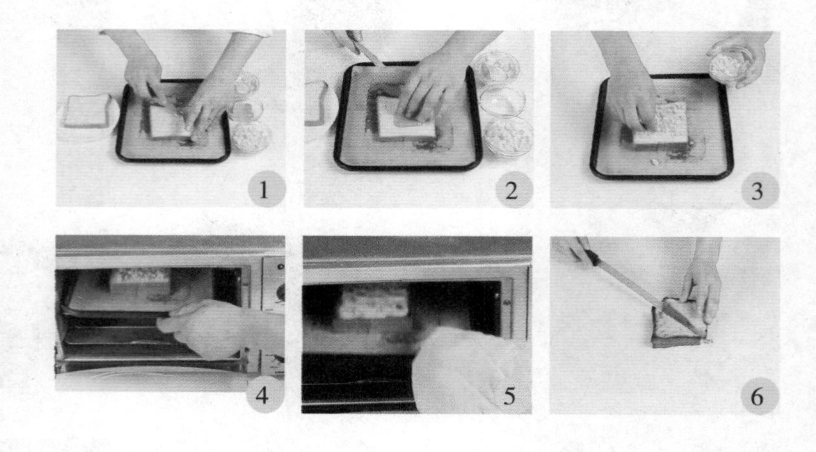

扫二维码看视频

小贴士

烘烤的时间不宜过长，以免将吐司烤焦。

椰香吐司

烘焙： 上火 170℃、下火 200℃，烤 25 分钟

材料

面团部分：

材料	用量
高筋面粉	250 克
水	100 毫升
细砂糖	50 克
奶粉	20 克
酵母	4 克
黄奶油	35 克
蛋黄	15 克

馅料部分：

材料	用量
椰蓉、细砂糖	各 20 克
黄奶油	20 克

工具

工具	数量
刮板、方形模具	各 1 个
玻璃碗	1 个
小刀	1 把
擀面杖	1 根
烤箱	1 台

扫二维码看视频

小贴士

食用时可把成品切片，这样会更方便一些。

做法

1. 将高筋面粉倒在案台上，加酵母和奶粉拌匀，开窝。
2. 撒上细砂糖，注入清水，倒入备好的蛋黄，慢慢地搅拌匀。
3. 再放入黄奶油，用力地揉一会儿，至材料成纯滑的面团，待用。
4. 将备好的椰蓉倒入玻璃碗中，撒上细砂糖。
5. 加入黄奶油，搅拌一会儿，至细砂糖溶化，制成馅料，待用。
6. 取出揉好的面团，压平，放入馅料。
7. 包 好，来 回 地 擀 一 会儿，使材料充分融合。
8. 用小刀整齐地划出若干道小口。
9. 再翻转面片，从前端开始，慢慢往回收，卷好形状。
10. 将生坯放入方形模具中，静置约 45 分钟，至材料胀发，再放入预热好的烤箱中。
11. 关好烤箱门，以上火为 170℃、下火为 200℃的温度烤约 25 分钟取出。
12. 烤好的椰香吐司晾凉后脱模即可。

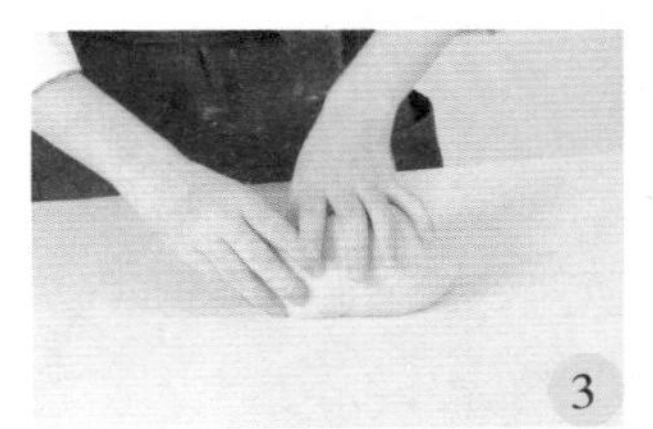

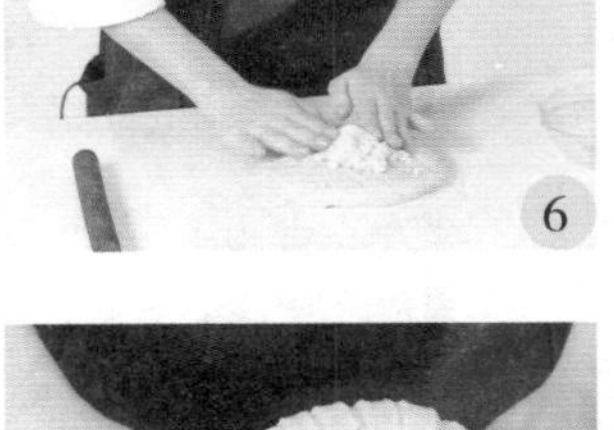

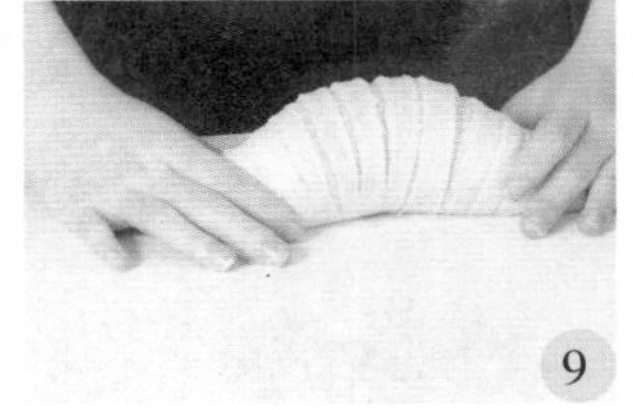

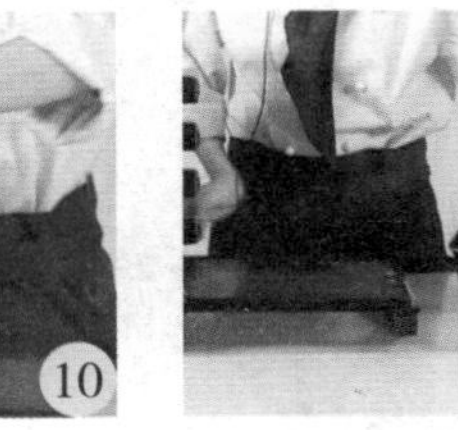

扫二维码看视频

鲜奶油吐司

烘焙：烤箱下层，上火190℃、下火190℃，烤30分钟

材料

高筋面粉500克，黄奶油70克，奶粉20克，细砂糖100克，盐5克，鸡蛋1个，水200毫升，酵母8克，打发的植物鲜奶油45克

工具

刮板、搅拌器、三角铁板、吐司模具、裱花嘴、裱花袋各1个，剪刀、刷子各1把，擀面杖1根，烤箱1台，保鲜膜1张，玻璃碗1个

做法

1. 将细砂糖、水倒入碗中，搅拌至细砂糖溶化，待用。
2. 把高筋面粉、酵母、奶粉倒在面板上，用刮板开窝。
3. 倒入备好的糖水，将材料混合均匀，并按压成形。
4. 加入鸡蛋，将材料混合均匀，揉搓成面团。
5. 将面团稍微拉平，倒入黄奶油，揉搓均匀。
6. 加入适量盐，揉搓成光滑的面团。
7. 用保鲜膜将面团包好，静置 10 分钟。
8. 取适量面团，用手压扁，用擀面杖擀成面皮。
9. 将面皮卷成橄榄状生坯，放入刷有黄奶油的吐司模具里，常温发酵 90 分钟。
10. 生坯发酵好，盖上模具盖子。
11. 将烤箱上下火均调为 190℃，预热 5 分钟。
12. 打开箱门，放入发酵好的生坯，关上烤箱门。
13. 烘烤 30 分钟至熟，取出放凉后脱模。
14. 把吐司切成两块，取其中一块。
15. 将奶油装入套有裱花嘴的裱花袋里，用剪刀在尖端剪一小口，再挤在吐司切面上，将吐司装盘即可。

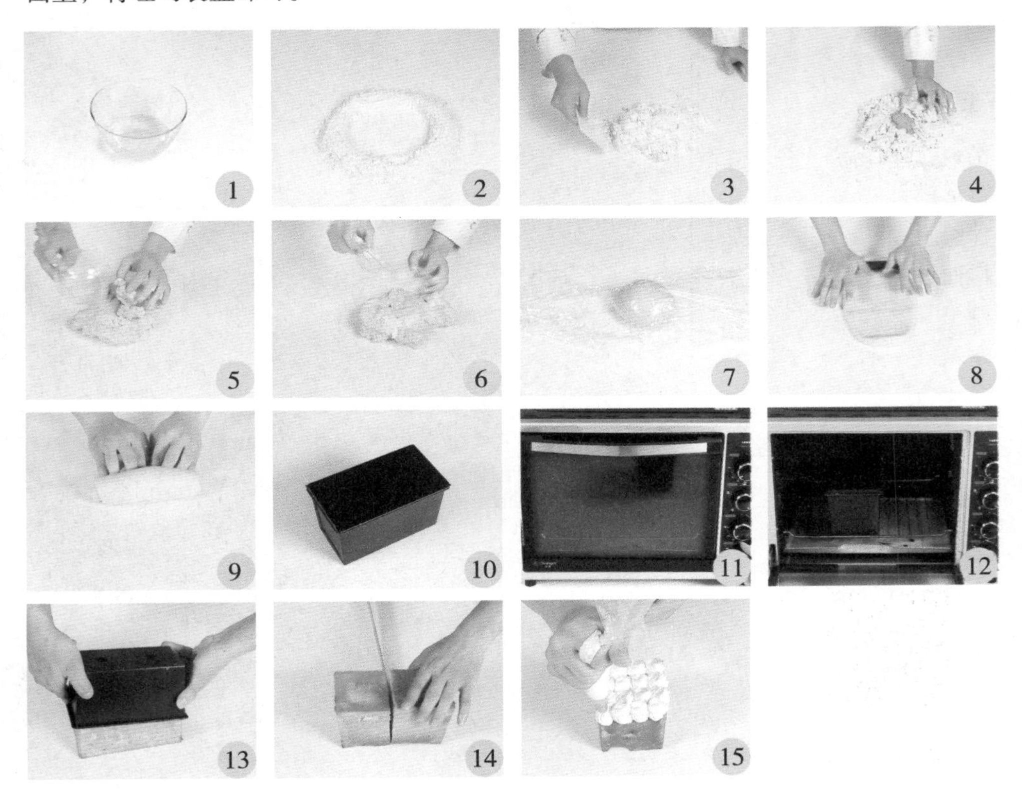

胡萝卜吐司

烘焙：烤箱下层，上火175℃、下火200℃，烤25分钟

材料

高筋面粉	500克
黄奶油	70克
奶粉	20克
细砂糖	100克
盐	5克
鸡蛋	50克
水	200毫升
酵母	8克
胡萝卜泥	60克

工具

刮板、搅拌器	各1个
方形模具	1个
保鲜膜	1张
擀面杖	1根
刷子	1把
烤箱	1台

扫二维码看视频

做法

1. 将细砂糖、水装入碗中，用搅拌器搅拌至细砂糖溶化。
2. 把高筋面粉、酵母、奶粉倒在面板上，用刮板开窝，倒入糖水混合均匀，按压成形。
3. 加入鸡蛋，混合均匀，揉搓成面团。
4. 将面团拉平，倒入黄奶油，揉搓均匀。
5. 加盐揉匀，用保鲜膜包好，静置 10 分钟。
6. 取适量面团，压扁，用擀面杖擀成面饼，放上胡萝卜泥，平铺均匀，继续将其卷至成橄榄状生坯。
7. 生坯放入刷有黄奶油的方形模具中，常温发酵 90 分钟至原来两倍大。
8. 预热烤箱，温度调至上火 175℃、下火 200℃，放入模具，烤 25 分钟至熟，取出装盘。

小贴士

制作面团时也可适当加入胡萝卜汁，烤出的成品味道更浓郁。

抹茶红豆吐司

烘焙： 烤箱下层，上火175℃、下火200℃，烤25分钟

材料

高筋面粉	500克
黄奶油	70克
奶粉	20克
细砂糖	100克
盐	5克
鸡蛋	50克
水	205毫升
酵母	8克
熟红豆	100克
抹茶粉	10克
白糖	70克

工具

刮板、搅拌器	各1个
方形模具	1个
保鲜膜	1张
擀面杖	1根
刷子	1把
烤箱	1台

扫二维码看视频

做法

1. 将细砂糖、200 毫升水倒入碗中，用搅拌器搅拌至细砂糖溶化，待用。
2. 把高筋面粉、酵母、奶粉倒在面板上，用刮板开窝，倒入糖水混匀，按压成形。
3. 加入鸡蛋混合均匀，揉搓成面团。
4. 将面团拉平，倒入黄奶油，揉搓均匀。
5. 加盐揉匀，用保鲜膜包好静置 10 分钟。
6. 取适量面团压扁，倒上抹茶粉揉匀。
7. 倒白糖加入熟红豆中，加入 5 毫升水搅匀。
8. 将面团擀成面饼，放入红豆馅，卷成橄榄状，放入刷好黄奶油的模具中发酵 90 分钟。
9. 将模具放入烤箱以上火 175℃、下火 200℃烤熟面包。

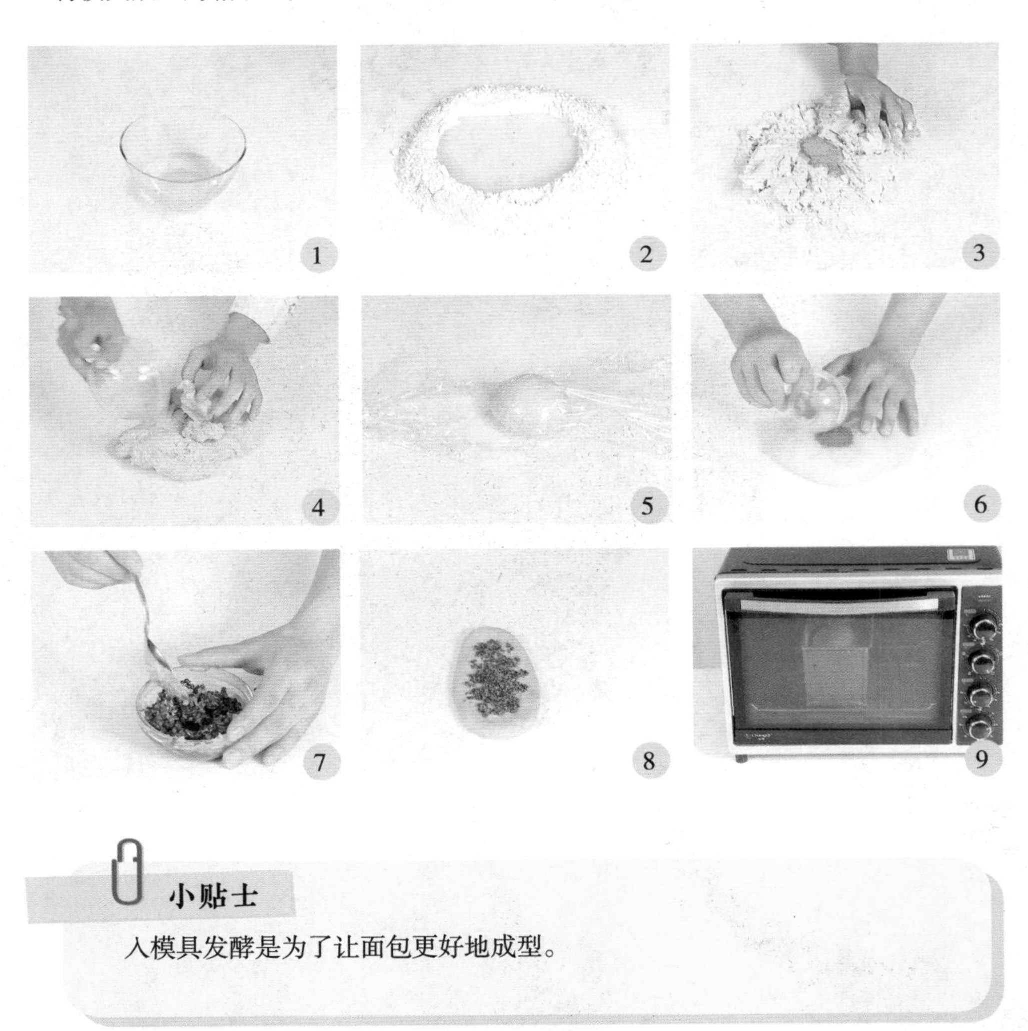

小贴士

入模具发酵是为了让面包更好地成型。

全麦黑芝麻吐司

烘焙：上火 170℃、下火 170℃，烤 25 分钟

材料

材料	用量
高筋面粉	310 克
全麦面粉	40 克
细砂糖	42 克
奶粉	15 克
鸡蛋	1 个
干酵母	4 克
黄奶油	30 克
黑芝麻	40 克
水	175 毫升

工具

工具	数量
方形模具	1 个
刮板	1 个
擀面杖	1 根
烤箱	1 台
刷子	1 把

做法

1. 案台上倒入高筋面粉、全麦面粉、干酵母，加入奶粉、黑芝麻，用刮板开窝。
2. 倒入细砂糖、水，稍拌匀，加入鸡蛋，搅匀，刮入面粉，稍揉匀，加入黄奶油，稍揉匀，将混合物揉成面团。
3. 取 450 克面团，用擀面杖将其略擀平，制成面饼，将面饼卷好，制成吐司生坯。
4. 将生坯放入模具内，发酵约 90 分钟至原来 2 倍大。
5. 将发酵好的生坯放入烤箱，温度调至上、下火 170℃，烤 25 分钟至熟。
6. 取出模具，将烤好的吐司装盘即可。

1

2

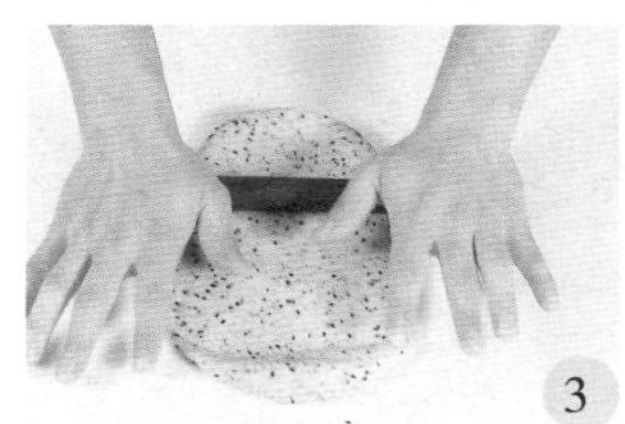
3

4

5

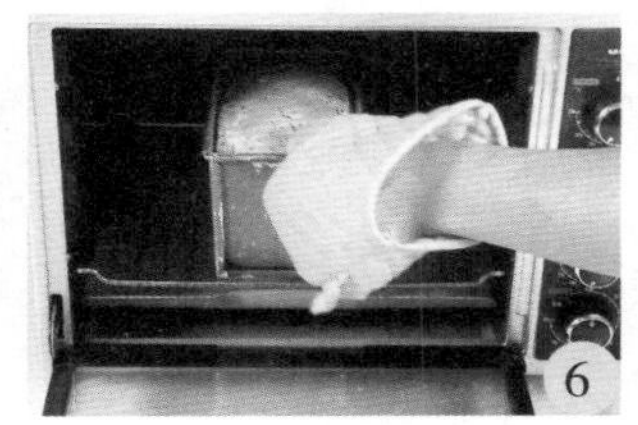
6

扫二维码看视频

甜面包 & 咸面包，两种不一样的味觉体验

香甜松软的甜包，
恰到好处的咸包，
两种不一样的味道，两种不一样的感觉。
用亲手制作的面包来诠释你对美食的热爱，
再用甜和咸来诠释你对生活的热爱。

甜面包

核桃面包

烘焙： 上火 190℃、下火 190℃，烤 15 分钟

材料

高筋面粉	500 克
黄奶油	70 克
奶粉	20 克
细砂糖	100 克
盐	5 克
鸡蛋	1 个
酵母	8 克
核桃仁	适量
水	200 毫升

工具

搅拌器、刮板	各 1 个
剪刀	1 把
擀面杖	1 根
烤箱	1 台
保鲜膜	1 张

扫二维码看视频

做法

1. 将细砂糖、清水倒入玻璃碗中，搅拌至细砂糖溶化，待用。
2. 将高筋面粉、酵母、奶粉倒在案台上，用刮板开窝。
3. 倒入备好的糖水，将材料混合均匀，并按压成形，加入鸡蛋，将材料混合均匀，揉成面团。
4. 将面团稍微拉平，倒入黄奶油、盐，揉搓成光滑的面团，用保鲜膜包好面团，静置 10 分钟。
5. 将面团分成数个 60 克一个的小面团，揉搓成圆形，用手压平，再用擀面杖擀薄，用剪刀剪出 5 个小口，呈花形。
6. 将花形面团放入烤盘中，自然发酵 90 分钟；在发酵好的花形面团上，放入核桃。
7. 把烤盘放入烤箱，以上火 190℃、下火 190℃烤 15 分钟至熟。
8. 从烤箱中取出烤盘，将烤好的核桃面包装入盘中即可。

莲蓉餐包

烘焙： 烤箱中层，上火 190℃、下火 190℃，烤 15 分钟

材料

高筋面粉	500 克
黄奶油	70 克
奶粉	20 克
细砂糖	100 克
盐	5 克
鸡蛋	1 个
水	200 毫升
酵母	8 克
莲蓉馅	40 克
黑芝麻	适量

工具

刮板、搅拌器	各 1 个
保鲜膜	1 张
刷子	1 把
烤箱	1 台
电子秤	1 台

扫二维码看视频

做法

1. 细砂糖加水溶化。把高筋面粉、酵母、奶粉倒在面板上，用刮板开窝，倒入糖水。
2. 将材料混合均匀，按压成形，依次加入鸡蛋、黄奶油、盐混合均匀，揉搓成光滑的面团。
3. 用保鲜膜将面团包好，静置 10 分钟后去膜，将面团分成数个 60 克一个的小面团，揉搓成圆球形。
4. 把莲蓉馅分成大小均匀的剂子。
5. 将小面团捏平，放入莲蓉馅。
6. 将面团包好搓圆，放在烤盘中发酵 90 分钟，在上面点少许黑芝麻。
7. 将烤盘放入烤箱中，以上火 190℃、下火 190℃烤 15 分钟至熟。
8. 将烤好的莲蓉餐包取出，装入盘中，用刷子刷上适量黄奶油即可。

小贴士

最后刷上黄奶油是为了让面包更美观，口感也更丰富些。

豆沙餐包

烘焙：烤箱中层，上火170℃、下火170℃，烤13分钟

材料

高筋面粉	250克
清水	100毫升
细砂糖	50克
黄奶油	35克
酵母	4克
奶粉	20克
蛋黄	15克
豆沙、黑芝麻	各适量

工具

刮板	1个
蛋糕纸杯	数个
烤箱	1台
电子秤	1台

扫二维码看视频

做法

1. 将高筋面粉倒在面板上，加上酵母和奶粉，用刮板拌匀，开窝。
2. 放入细砂糖、蛋黄，倒入清水搅匀。
3. 再放入黄奶油，揉成纯滑的面团。
4. 将面团分成数个 60 克的小剂子，搓圆、压扁。
5. 放入豆沙，包好，收紧口，搓圆。
6. 再分别放入蛋糕纸杯中，表面依次撒上少许黑芝麻。
7. 将生坯置于烤盘中，发酵约 30 分钟，至生坯胀发开。
8. 将烤盘入烤箱，上、下火均为 170℃，烤 13 分钟，断电后取出，摆在盘中即可。

小贴士

生坯最好搓得圆一些，这样发酵好了之后，形状会更饱满。

竹炭餐包

烘焙：烤箱中层，上火190℃、下火190℃，烤15分钟

材料

高筋面粉	500克
黄奶油	70克
奶粉	20克
细砂糖	100克
盐	5克
鸡蛋	1个
水	200毫升
酵母	8克
食用竹炭粉	2克
白芝麻	适量

工具

搅拌器、刮板	各1个
保鲜膜	1张
烤箱	1台

扫二维码看视频

做法

1. 细砂糖加水溶化，把高筋面粉、酵母、奶粉倒在面板上，用刮板开窝，倒入糖水。
2. 混合匀，按压成形，依次加入鸡蛋、黄奶油、盐混合均匀，揉搓成光滑的面团。
3. 用保鲜膜将面团包好，静置 10 分钟后去膜。
4. 将一部分食用竹炭粉放在面团上，揉匀。
5. 继续加入竹炭粉，揉搓成纯滑的面团。
6. 切成大小均等的小面团，搓成圆球生坯。
7. 把生坯放入烤盘中，使其发酵 90 分钟，在发酵好的生坯上撒上适量白芝麻。
8. 生坯入烤箱，以上火 190℃、下火 190℃烤 15 分钟，取出烤盘，将面包装盘即可。

小贴士

可以根据自己的口味，在面团中加入其他果酱。

咖啡奶香包

烘焙：烤箱中层，上火190℃、下火190℃，烤10分钟

材料

高筋面粉	500克
黄奶油	70克
奶粉	20克
细砂糖	100克
盐	5克
鸡蛋	1个
水	200毫升
酵母	8克
咖啡粉	5克
杏仁片	适量

工具

搅拌器	1个
刮板	1个
蛋糕纸杯	4个
烤箱	1台

扫二维码看视频

做法

1. 细砂糖加水溶化。高筋面粉倒在面板上，加入酵母、奶粉，用刮板混匀开窝，再倒入糖水。
2. 混合成湿面团，加入鸡蛋，揉搓均匀，加黄奶油，充分混合。
3. 加入盐，搓成光滑的鸡蛋面团。
4. 称取 240 克的面团。
5. 咖啡粉与面团混匀，分切成四等份剂子。
6. 把剂子搓球状，再切分成 4 个小剂子，揉圆球。
7. 小圆球分为 4 个一组，装入 4 个蛋糕纸杯中，发酵 90 分钟，撒上杏仁片。
8. 将生坯入烤箱，上、下火均调为 190℃，烤 10 分钟，取出即可。

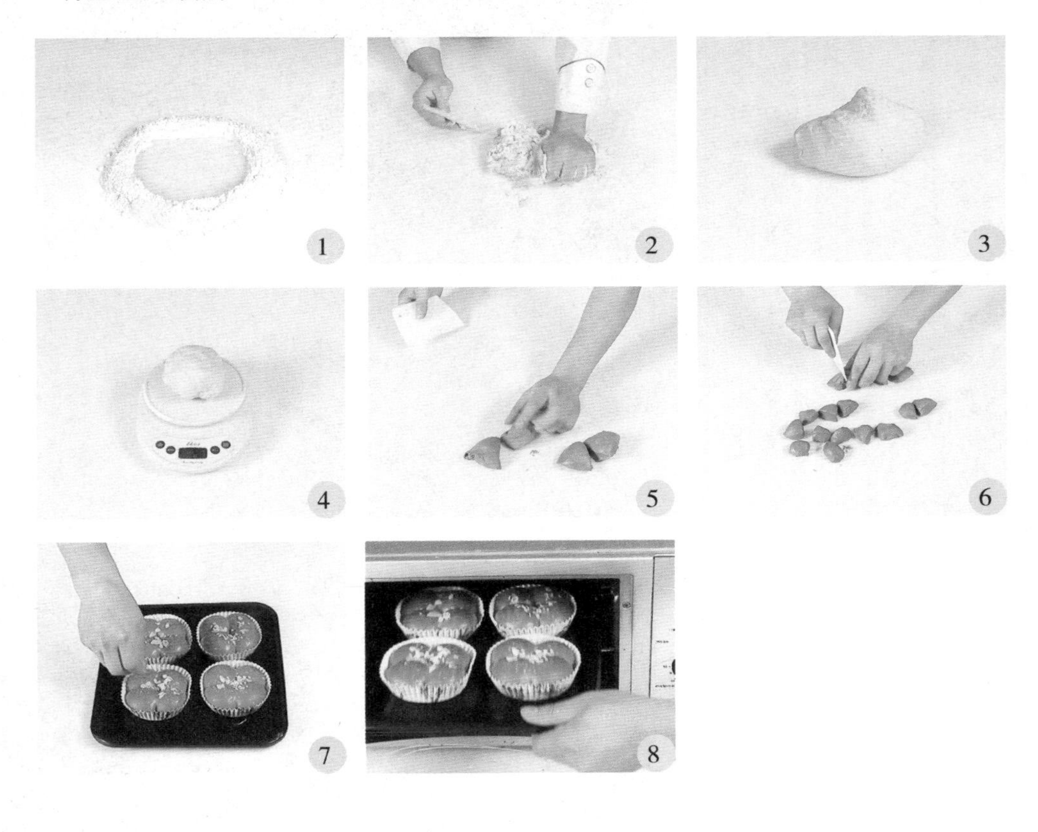

小贴士

要注意保持酵母的活性，取完所需酵母后，应及时将酵母包装袋密封好。

毛毛虫面包

烘焙：上火210℃、下火190℃，烤20分钟

材料

高筋面粉	500克
黄奶油	125克
奶粉	20克
细砂糖	100克
盐	7克
鸡蛋	50克
酵母	8克
打发鲜奶油	适量
低筋面粉	75克
鸡蛋	2个
牛奶	75毫升
水	215毫升

工具

刮板、搅拌器	各1个
裱花袋	1个
电动搅拌器	1个
蛋糕刀	1把
擀面杖	1根
长柄刮刀	1把

做法

1. 将细砂糖、200 毫升水倒入玻璃碗中，搅拌至糖溶化。
2. 高筋面粉、酵母、奶粉倒在案台上用刮板开窝，倒入糖水，加入 50 克鸡蛋，混匀，揉搓成面团。
3. 面团稍微拉平，倒入 70 克黄奶油揉匀，加入 5 克盐，揉成光滑的面团，用保鲜膜将面团包好，静置 10 分钟。
4. 面团分成数个 60 克一个的小面团，再揉搓成圆形，用擀面杖将面团擀平，卷成卷，搓成长条状，放入烤盘，发酵 90 分钟。
5. 将 15 毫升水、牛奶、55 克黄奶油倒入锅中，拌匀，煮至溶化，加入 2 克盐，快速搅拌匀，关火。
6. 放入低筋面粉，拌匀，先后放入两个鸡蛋，用电动搅拌器搅匀；将材料装入裱花袋，剪开一小口，挤到面包生坯上。
7. 将生坯放入烤箱，上火 210℃、下火 190℃烤 20 分钟装入盘中即可。
8. 烤好的面包用平刀切一个小口，在切口处抹上打发的鲜奶油，装入盘中即可。

南瓜仁面包

烘焙：上火 190℃、下火 190℃，烤 15 分钟

材料

高筋面粉	500 克
黄奶油	95 克
奶粉	20 克
细砂糖	100 克
盐	5 克
鸡蛋	50 克
酵母	8 克
糖粉	60 克
鸡蛋	40 克
低筋面粉	115 克
朗姆酒	3 毫升
南瓜仁	适量
水	220 毫升

工具

搅拌器、电动搅拌器、刮板、裱花袋	各 1 个
长柄刮板	1 个
烤箱	1 台
剪刀	1 把
保鲜膜	1 张

扫二维码看视频

做法

1. 将细砂糖、200 毫升水一并倒入大碗中，搅拌至细沙糖完全溶化。
2. 高筋面粉、酵母、奶粉倒在案台上，用刮板开窝，倒入糖水，加入鸡蛋，揉搓成面团。
3. 将面团稍微拉平，倒入 70 克黄奶油，揉搓至与面团完全融合，加入盐，揉搓成光滑的面团，用保鲜膜将面团包好，静置 10 分钟。
4. 电子称称取数个 60 克的小面团，搓成圆球，取 3 个小面团，放烤盘里，发酵 90 分钟。
5. 黄奶油、 糖粉、40 克鸡蛋倒入大碗中，用电动搅拌器搅拌均匀，加入朗姆酒、20 毫升水，快速拌匀，倒入低筋面粉，搅拌均匀做成面包酱，备用。
6. 面包酱装入裱花袋中，底部剪开，以划圆圈的方式挤在面团上，再放上南瓜仁。
7. 将烤盘放入烤箱，以上、下火 190℃烤 15 分钟。
8. 时间到取出烤盘即可。

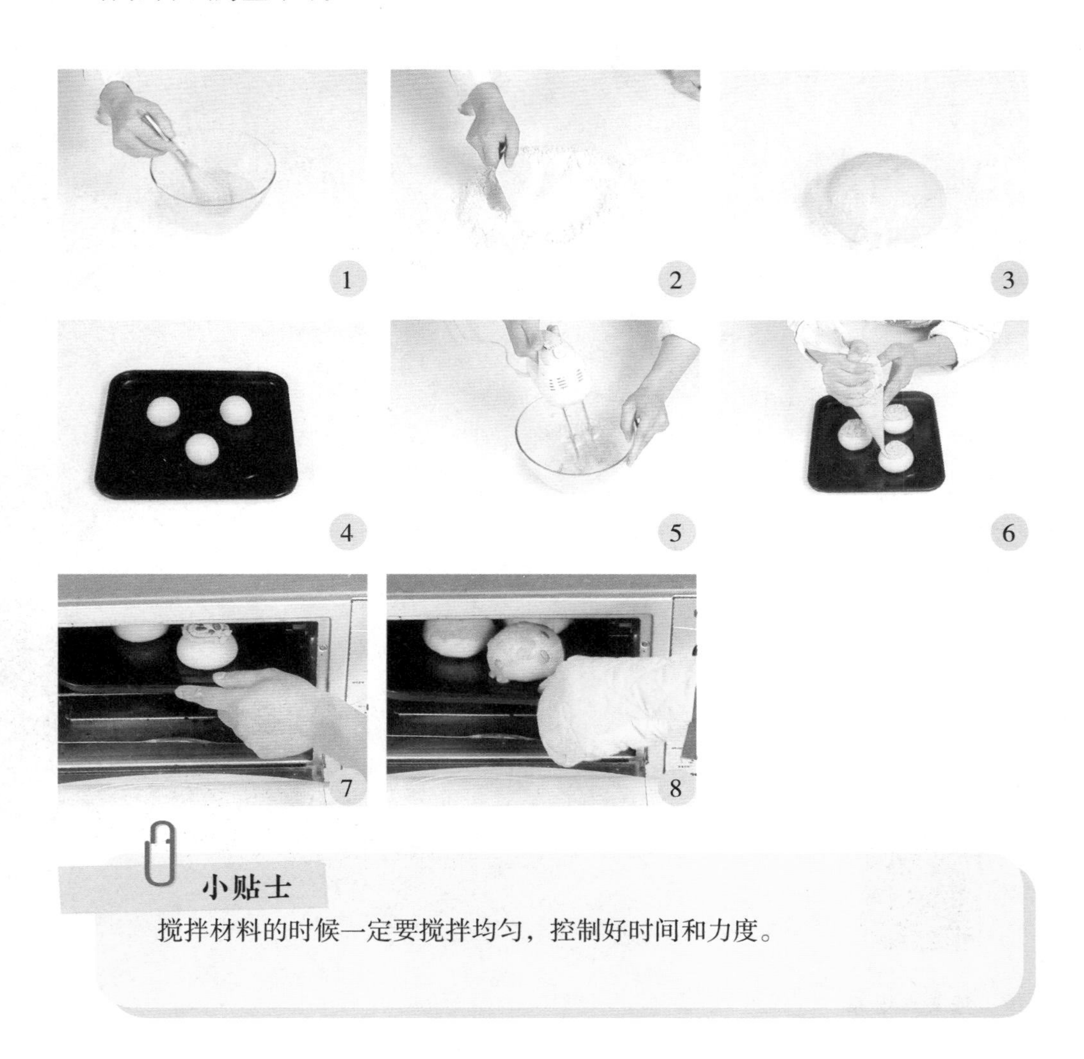

小贴士

搅拌材料的时候一定要搅拌均匀，控制好时间和力度。

奶香杏仁堡

烘焙：上火 190℃、下火 190℃，烤 12 分钟

材料

高筋面粉	500 克
黄奶油	70 克
奶粉	20 克
细砂糖	100 克
盐	5 克
鸡蛋	1 个
酵母	8 克
杏仁片	适量
水	200 毫升

工具

刮板、搅拌器	各 1 个
保鲜膜	1 张
擀面杖	1 根
模具	4 个
刷子	1 把
烤箱	1 台

扫二维码看视频

做法

1. 细砂糖、清水倒入玻璃碗中，用搅拌器搅拌匀成糖水，待用。
2. 将高筋面粉倒在面板上，加入酵母、奶粉，用刮板混合均匀，再开窝，倒入糖水、混合好的高筋面粉，混合成湿面团。
3. 加入鸡蛋，揉搓均匀，加入准备好的黄奶油，继续揉搓，充分混合，加入盐，揉搓成光滑的面团，用保鲜膜把面团包裹好，静置 10 分钟。
4. 去掉保鲜膜，把面团搓成条状，用刮板切出一个剂子。
5. 称取剂子约为 30 克，把面团摘成数个大小均等的剂子，把剂子搓成小球状，再粘上一层杏仁片。
6. 取 4 个模具，用刷子在内壁刷上一层黄奶油。
7. 将面团用擀面杖擀平，自上而下卷起，即成生坯，放入模具中，常温下发酵 90 分钟。
8. 将烤箱上、下火均调为 190℃，预热 2 分钟，把发酵好的生坯放入烤箱里烘烤 10 分钟即可。

扫二维码看视频

红豆面包条

烘焙：上火 190℃、下火 190℃，烤 15 分钟

材料

高筋面粉 500 克，黄奶油 70 克，奶粉 20 克，细砂糖 100 克，盐 5 克，鸡蛋 1 个，水 200 毫升，酵母 8 克，红豆馅 20 克，蜂蜜适量

工具

刮板、搅拌器各 1 个，保鲜膜 1 张，擀面杖 1 根，刷子、小刀各 1 把，烤箱各 1 台

做法

1. 将细砂糖、水倒入碗中，用搅拌器搅拌至溶化，制成糖水，待用。
2. 把高筋面粉、酵母、奶粉倒在案台上，用刮板开窝。倒入备好的糖水。
3. 将材料混合均匀，并按压。加入鸡蛋，将材料混合均匀。
4. 揉搓成面团，将面团稍微拉平。
5. 倒入黄奶油揉搓均匀。再加入盐揉搓成光滑面团。
6. 用保鲜膜将面团包好，静置 10 分钟。
7. 将面团分成数个 60 克一个的小面团，再揉成圆球。
8. 用擀面杖将面团擀成长条，在中间放上红豆馅。
9. 用小刀在两侧均匀地划出小口子。
10. 将一端盖到红豆馅上。
11. 再把两边的小细条以交错的方式盖上红豆馅。
12. 在剩余两根的时候，盖上另一端的面片。
13. 将剩下的两根细条以交错的方式盖上，制成生坯。
14. 将生坯放入烤盘中，使其发酵 90 分钟。
15. 烤盘入烤箱，上下、火 190℃、烤 15 分钟至熟。
16. 将烤好的面包条装入盘中，刷上适量蜂蜜即可。

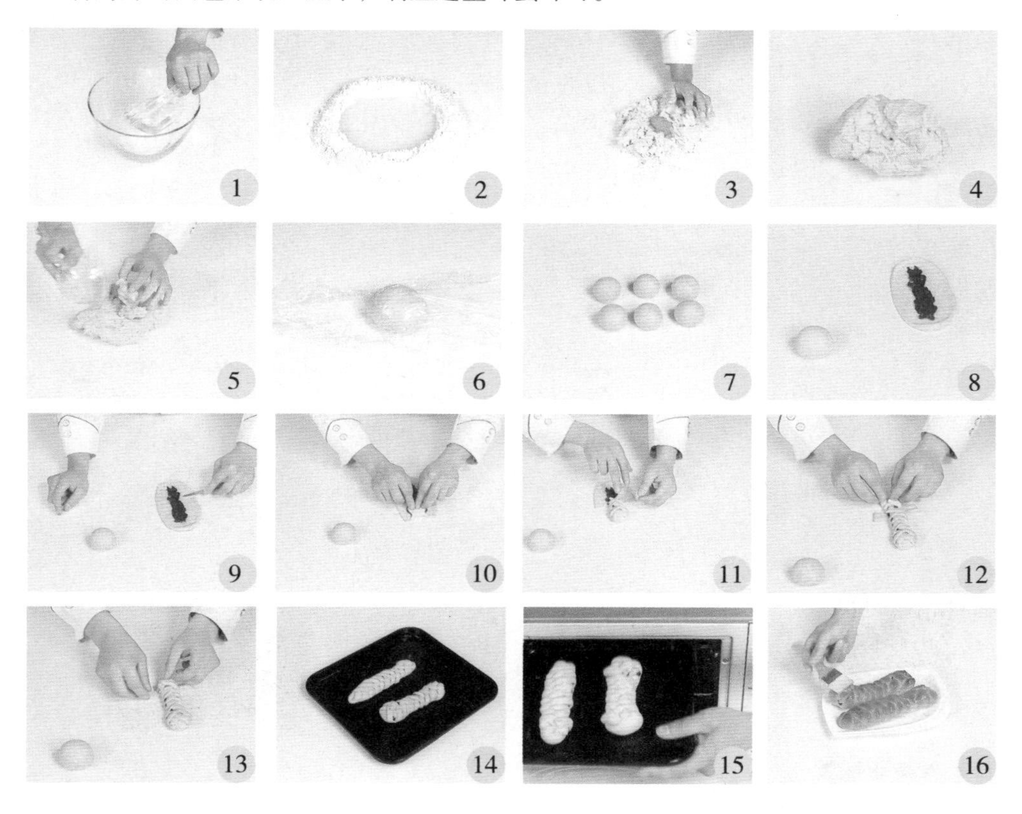

巧克力果干包

烘焙：烤箱中层，上火 190℃、下火 190℃，烤 10 分钟

材料

材料	用量
高筋面粉	500 克
黄奶油	70 克
奶粉	20 克
细砂糖	100 克
盐	5 克
鸡蛋	1 个
水	200 毫升
酵母	8 克
提子干	20 克
可可粉	12 克
巧克力豆	25 克

工具

工具	数量
搅拌器	1 个
刮板	1 个
擀面杖	1 根
烤箱	1 台

扫二维码看视频

做法

1. 细砂糖加水溶化。高筋面粉、酵母、奶粉倒在面板上，用刮板混匀开窝，倒入糖水，混合；依次加入搅拌好的鸡蛋、黄奶油、盐，揉光滑。
2. 称取约 240 克面团，将可可粉加入到面团里，揉搓，混合均匀。
3. 加入巧克力豆，揉搓均匀。再加入提子干，揉搓，混合均匀。
4. 分切成四等份剂子，揉成小球状。
5. 用擀面杖把小球状面团擀成面皮。把面皮卷成橄榄状，放入烤盘，常温发酵 90 分钟。
6. 将烤盘放入烤箱，上下火为 190℃烤 10 分钟。取出，装入食物篮中即可。

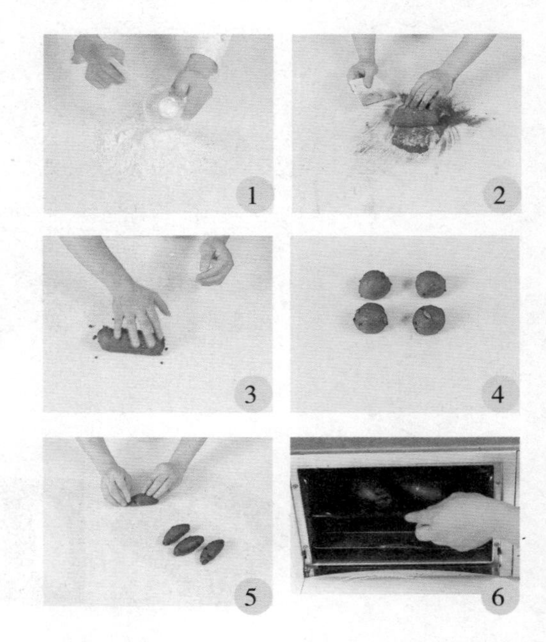

葡萄干花环面包

烘焙： 烤箱中层，上火 190℃、下火 190℃，烤 15 分钟

材料

高筋面粉	150 克
牛奶	75 毫升
鸡蛋	1 个
细砂糖	25 克
盐	2 克
酵母	3 克
黄奶油	25 克
葡萄干	30 克
杏仁片	适量

工具

刮板	1 个
擀面杖	1 根
高温布	1 块
烤箱	1 台

扫二维码看视频

做法

1. 高筋面粉加盐、酵母倒在面板上，用刮板混匀、开窝。
2. 倒入鸡蛋、细砂糖、牛奶，搅匀。
3. 放入黄奶油，搓匀，加葡萄干搓光滑。
4. 将面团分成数个剂子，搓圆，用擀面杖擀成面皮。
5. 面皮卷起，搓成细长条。
6. 将三根长面条一端捏在一起，按照扎麻花辫的方法将面条相互交叠。
7. 放入垫有高温布的烤盘中，围成圆圈形状，生坯常温下发酵 90 分钟，发酵为原体积的两倍，撒上杏仁片。
8. 将烤盘放入烤箱，以上火 190℃、下火 190℃烤 15 分钟至熟，取出，装盘即可。

小贴士

揉搓面团的力度、时间都要适度，否则面团容易断裂或发黏。

扫二维码看视频

肉松包

烘焙：上火190℃、下火190℃，烤15分钟

材料

高筋面粉500克，黄奶油70克，奶粉20克，细砂糖100克，盐5克，鸡蛋50克，水200毫升，酵母8克，肉松10克，沙拉酱适量

工具

刮板、搅拌器各1个，擀面杖1根，保鲜膜1张，蛋糕刀、刷子各1把，烤箱1台

做法

1. 将细砂糖、水倒入玻璃碗中，用搅拌器搅拌至细砂糖溶化。
2. 把高筋面粉、酵母、奶粉倒在案台上，用刮板开窝。
3. 倒入备好的糖水，将材料混合均匀，并按压成形。
4. 加入鸡蛋，将材料混合均匀，揉成面团。
5. 将面团稍微拉平，倒入黄奶油，揉搓均匀。
6. 加入盐，揉搓成光滑的面团。
7. 用保鲜膜将面团包好，静置 10 分钟。
8. 将面团分成数个 60 克一个的小面团，再揉搓成圆形。
9. 用擀面杖将小面团擀平，再卷成卷，揉成橄榄形。
10. 将面团放入烤盘，使其发酵 90 分钟，再把烤盘放入预热好的烤箱中。
11. 将烤箱温度调为上火 190℃、下火 190℃。
12. 烤 15 分钟至熟，取出烤盘，将面包放凉待用。
13. 取出放凉的面包，用蛋糕刀斜切面包，但不切断。
14. 在面包中间挤入适量沙拉酱。
15. 在面包表面刷上少许沙拉酱，再均匀地铺上肉松。
16. 将制作好的肉松包装入盘中即可。

墨鱼面包

烘焙：上火 190℃、下火 190℃，烤 15 分钟

材料

奶粉	8 克
改良剂	1 克
蛋白	12 克
酵母	2 克
高筋面粉	100 克
水	44 毫升
食用竹炭粉	4 克
细砂糖	24 克
盐	2 克
黄奶油	16 克
沙拉酱、肉松	各适量

工具

刮板	1 个
擀面杖	1 根
刷子	1 把
烤箱	1 台

扫二维码看视频

小贴士

制作时要把握好细砂糖的用量，太多会使面包变焦，太少则会变硬。

做法

1. 将改良剂、酵母、奶粉、食用竹炭粉放入装有高筋面粉的玻璃碗中。
2. 将混合后的面粉倒在案台上，用刮板开窝。
3. 加入水、细砂糖、蛋白、盐，搅匀。
4. 将材料混合均匀，加入黄奶油。
5. 揉搓成光滑的面团。
6. 把面团分切成四等份，搓成球状。
7. 将面团擀成面皮，再卷成橄榄形，制成生坯。
8. 将生坯放入烤盘，在常温下发酵 90 分钟。
9. 把生坯放入预热好的烤箱里。
10. 关上箱门，以上火 190℃、下火 190℃烤 15 分钟至熟。
11. 打开箱门，取出烤好的面包。
12. 刷上一层沙拉酱，再粘上适量肉松，即成墨鱼面包。

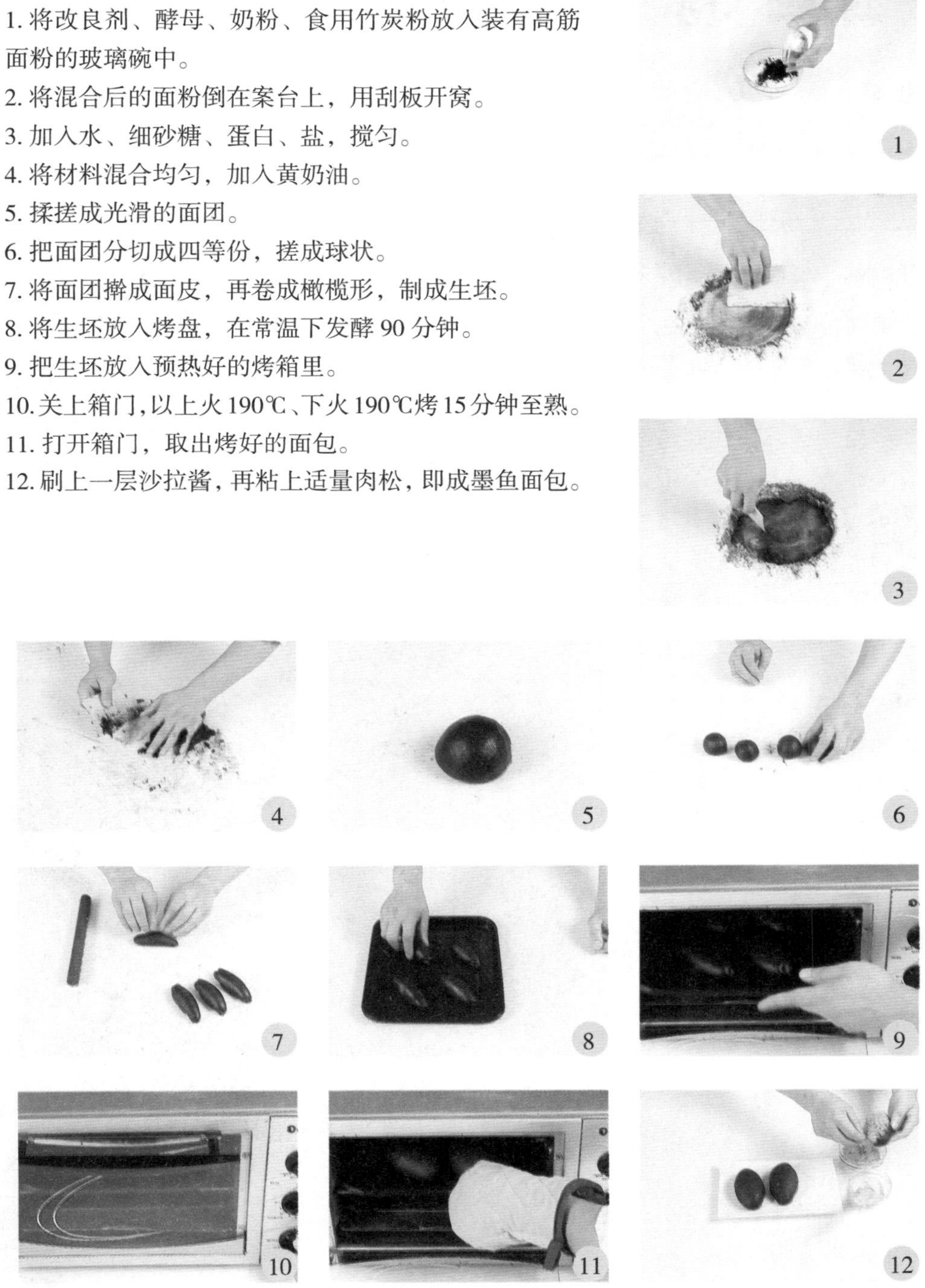

蒜香面包

烘焙：烤箱中层，上火190℃、下火190℃，烤10分钟

材料

高筋面粉	500克
黄奶油	120克
奶粉	20克
细砂糖	100克
盐	5克
鸡蛋	1个
酵母	8克
蒜泥	50克
水	200毫升

工具

刮板、搅拌器	各1个
面包纸杯	数个
保鲜膜	1张
烤箱	1台

做法

1. 细砂糖加水溶化。把高筋面粉、酵母、奶粉倒在面板上，用刮板混匀开窝，倒入糖水按压成形。
2. 加入鸡蛋，将材料混合均匀。
3. 搓成面团，拉平，倒入 70 克黄奶油揉搓均匀。
4. 加入盐，揉搓成光滑的面团。
5. 用保鲜膜将面团包好，静置 10 分钟后去膜。
6. 将蒜泥、50 克黄奶油用搅拌器拌匀，制成蒜泥馅。
7. 将面团分成 3 个小面团，压扁，放蒜泥馅。
8. 逐个搓揉均匀成面包生坯，放入备好的面包纸杯中，常温发酵 2 小时。
9. 将生坯放入预热好的烤箱，上火 190℃、下火 190℃，烤 10 分钟，取出即可。

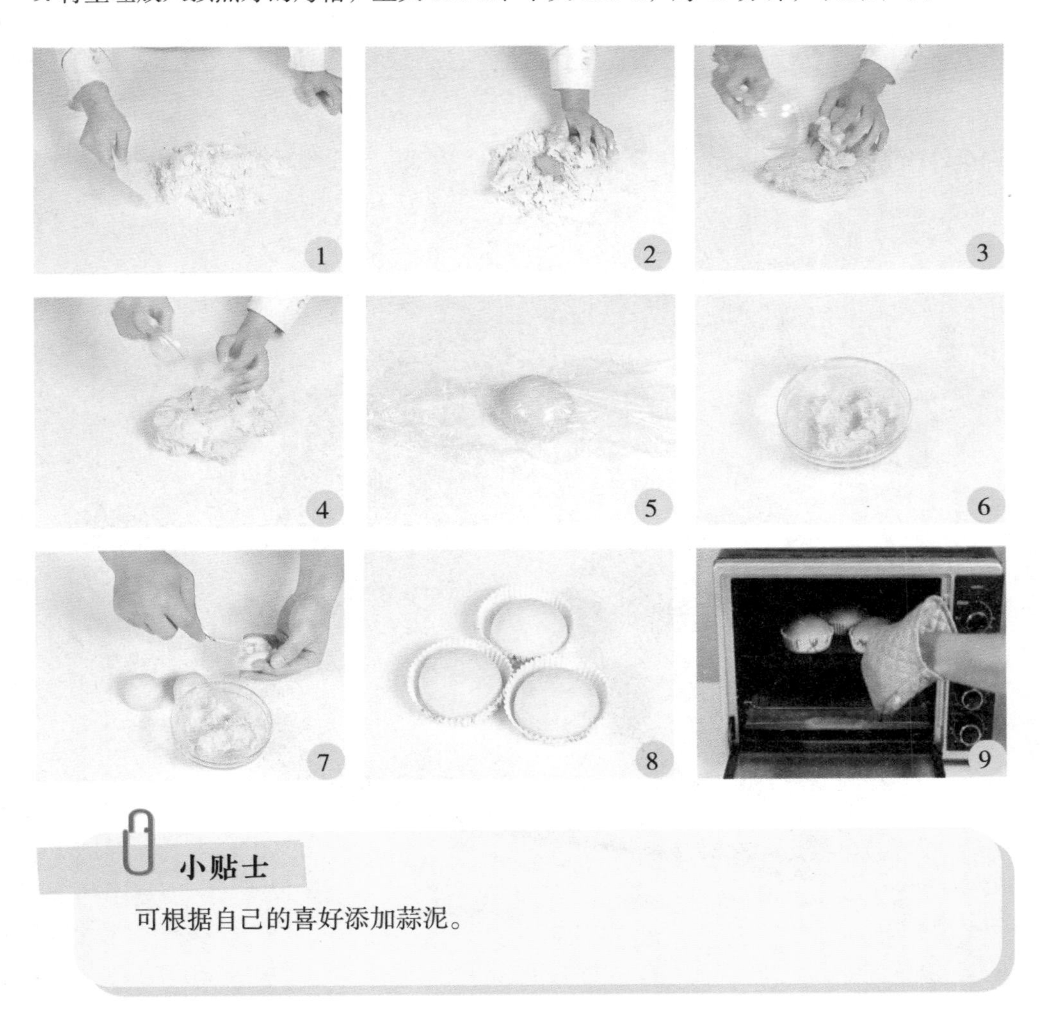

小贴士

可根据自己的喜好添加蒜泥。

火腿面包

烘焙： 上火 190℃、下火 190℃，烤 15 分钟

材料

高筋面粉 500 克，黄奶油 70 克，奶粉 20 克，细砂糖 100 克，盐 5 克，鸡蛋 50 克，水 200 毫升，酵母 8 克，火腿肠 4 根

工具

刮板、搅拌器各 1 个，擀面杖 1 根，保鲜膜 1 张，烤箱 1 台，刷子 1 把

做法

1. 将细砂糖、水倒入玻璃碗中，用搅拌器搅拌至细砂糖溶化。
2. 把高筋面粉、酵母、奶粉倒在案台上，用刮板开窝。
3. 倒入备好的糖水，将材料混合均匀，并按压成形。
4. 加入鸡蛋，将材料混合均匀，揉搓成面团。
5. 将面团稍微拉平，倒入黄奶油，揉搓均匀。
6. 加盐，揉搓成光滑的面团。
7. 用保鲜膜将面团包好，静置 10 分钟。
8. 将面团分成数个 60 克一个的小面团。
9. 把小面团揉搓成圆形，用擀面杖擀平。
10. 从一端开始，将面团卷成卷，搓成细长条状。
11. 再沿着火腿肠卷起来，制成火腿面包生坯。
12. 将生坯放入烤盘，使其发酵 90 分钟。
13. 将烤箱调为上火 190℃、下火 190℃，预热后放入烤盘。
14. 烤 15 分钟至熟，取出烤盘，在面包上刷适量黄奶油装盘即可。

香草黄奶油法包

烘焙：上火 230℃、下火 200℃，烤 10 分钟

材料

法国面包片	150 克
蒜蓉	5 克
干莳萝草片	2 克
盐	2 克
溶化的黄奶油	40 克

工具

烤箱	1 台
锡纸	1 张

做法

1. 将盐、蒜蓉、莳萝草片放入溶化的黄奶油中，拌匀。
2. 把拌匀的调料均匀地抹在法国面包片上。
3. 将涂抹上调料的面包片放入垫有锡纸的烤盘中。
4. 将烤箱温度调成上火 230℃、下火 200℃。
5. 把烤盘放入烤箱，烤 10 分钟。
6. 从烤箱中取出烤盘，将烤好的面包片装入盘中即可。

小贴士

烤盘铺锡纸是为了防止面包粘着烤盘，影响面包的美观。

Tour Eiffel
Paris

香葱芝士面包

烘焙： 上火 190℃、下火 190℃，烤 10 分钟

材料

高筋面粉	500 克
黄奶油	70 克
奶粉	20 克
细砂糖	100 克
盐	5 克
鸡蛋	1 个
水	200 毫升
酵母	8 克
芝士粒、葱花	各适量
蛋液	适量

工具

刮板	1 个
搅拌器	1 个
保鲜膜	1 张
面包纸杯	4 个
烤箱	1 台
刷子	1 把

扫二维码看视频

小贴士

在发酵好的生坯表面切一刀，塞入足量芝士，也可以加入火腿，吃起来更有口感。

做法

1. 将细砂糖、水倒入容器中，用搅拌器搅拌至细砂糖溶化。
2. 把高筋面粉、酵母、奶粉倒在案台上，用刮板开窝。
3. 倒入备好的糖水，将材料混合均匀，并按压成形。
4. 加入鸡蛋，将材料混合均匀，揉搓成面团。
5. 将面团稍微拉平，倒入黄奶油，揉搓均匀。
6. 加入盐，揉搓成光滑的面团。
7. 用保鲜膜将面团包好，静置 10 分钟。
8. 取适量面团，分成四个小剂子，将剂子搓成小球状，制成面包生坯。
9. 备好面包纸杯，放入面包生坯，常温发酵 2 小时至微微膨胀。
10. 将发酵好的生坯放入烤盘，刷上蛋液，放上芝士粒、葱花。
11. 烤盘放入预热好的烤箱中，温度调至上火 190℃、下火 190℃。
12. 烤 10 分钟至熟，取出烤好的面包即可。

1

2

3

4 5 6 7 8 9 10 11 12

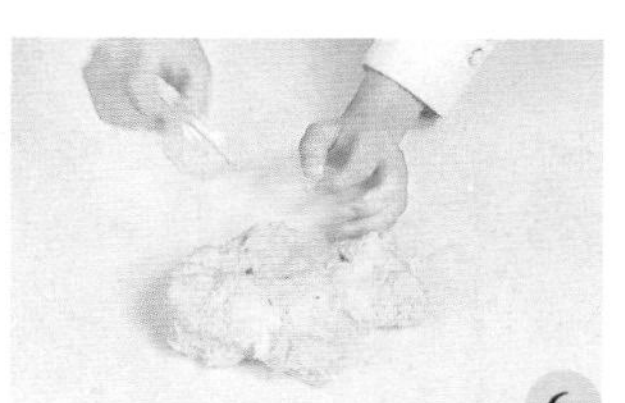

扫二维码看视频

洋葱培根芝士包

烘焙：烤箱中层，上火190℃、下火190℃，烤10分钟

材料

面团部分：高筋面粉500克，黄奶油70克，奶粉20克，细砂糖100克，盐5克，鸡蛋1个，水200毫升，酵母8克

馅料部分：培根片45克，洋葱粒40克，芝士粒30克

工具

刮板、搅拌器各1个，擀面杖1根，保鲜膜1张，面包纸杯数个，烤箱1台

做法

1. 细砂糖用水溶化。高筋面粉、酵母、奶粉倒在面板上，用刮板开窝，倒入糖水。
2. 将材料混合均匀，并按压成形。
3. 加入鸡蛋，将材料混合均匀。
4. 将混合好的材料揉搓成面团。
5. 将面团稍微拉平，倒入黄奶油，揉匀。
6. 加入盐，揉搓成光滑的面团，用保鲜膜将面团包好，静置 10 分钟后去膜。
7. 取面团，用擀面杖擀平至成面饼。
8. 铺上芝士粒。
9. 加上洋葱粒。
10. 放入培根片。
11. 将面饼卷至成橄榄状生坯。
12. 将生坯切成三等份，放入备好的面包纸杯中。
13. 常温发酵 2 小时至微微膨胀。
14. 烤盘中放入发酵好的生坯。
15. 将其放入预热好的烤箱中，温度调至上火 190℃、下火 190℃，烤 10 分钟至熟，取出烤盘，装盘即可。

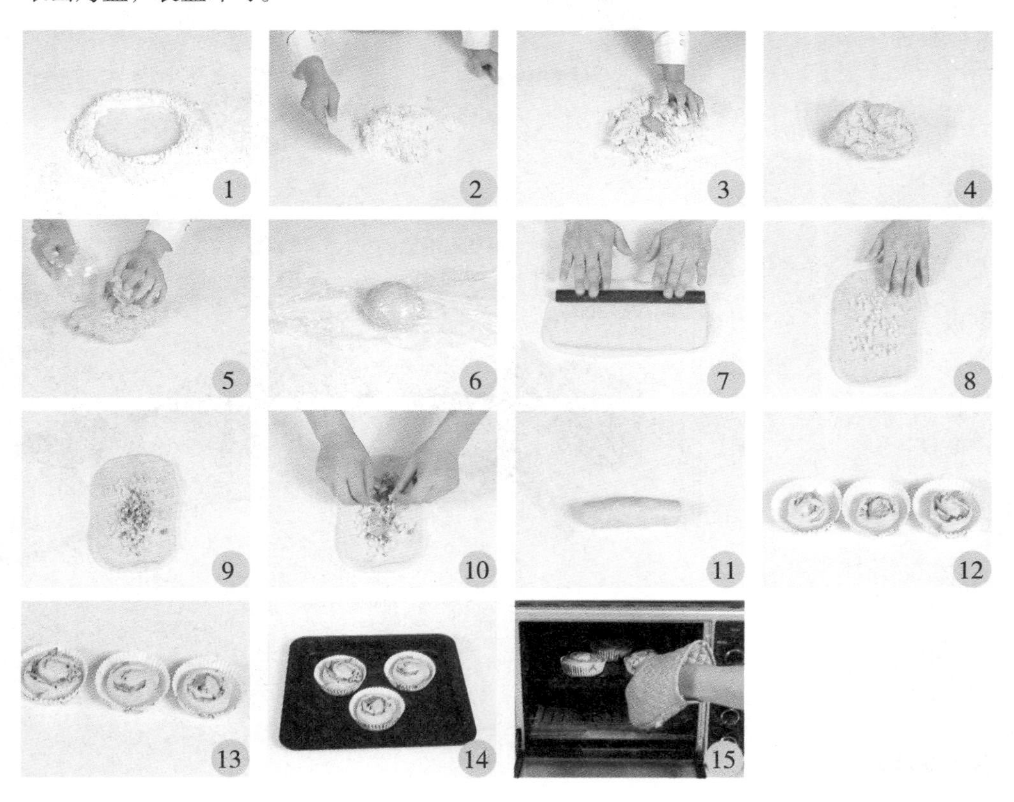

丹麦腊肠卷

烘焙： 上火 200℃、下火 200℃，烤 15 分钟

材料

高筋面粉	170 克
低筋面粉	30 克
细砂糖	50 克
黄奶油	20 克
奶粉	12 克
盐	3 克
酵母	5 克
鸡蛋	40 克
片状酥油	70 克
腊肠	1 根
鸡蛋	1 个
水	88 毫升
蛋液	适量

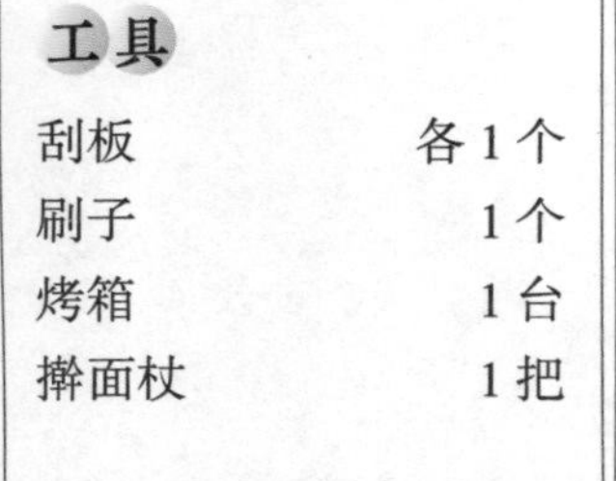

工具

刮板	各 1 个
刷子	1 个
烤箱	1 台
擀面杖	1 把

扫二维码看视频

做法

1. 将低筋面粉倒入装有高筋面粉的碗中，拌匀。
2. 倒入奶粉、酵母、盐，拌匀倒在案台上，用刮板开窝，倒入水、细砂糖，搅拌均匀，放入鸡蛋，将材料混合均匀，揉搓成湿面团。
3. 加入黄奶油，揉搓成纯滑面团，擀成薄片，制成面皮。
4. 用油纸包好片状酥油，用擀面杖将其擀薄，放在面皮上，将面皮折叠，擀平。
5. 先将三分之一的面皮折叠，再将剩下的折叠起来，放入冰箱，冷藏 10 分钟；取出面皮，继续擀平，将上述动作重复操作两次，制成酥皮。
6. 取适量酥皮，将其边缘切平整，刷一层蛋液。
7. 腊肠切成两段，放在酥皮上，将酥皮两端往中间对折，包裹住腊肠。
8. 将裹好的酥皮面朝下放置，制成面包生坯，并放入烤盘，生坯上刷一层蛋液。预热烤箱，温度调至上、下火 200℃，烤盘放入预热好的烤箱烤 15 分钟至熟，取出即可。

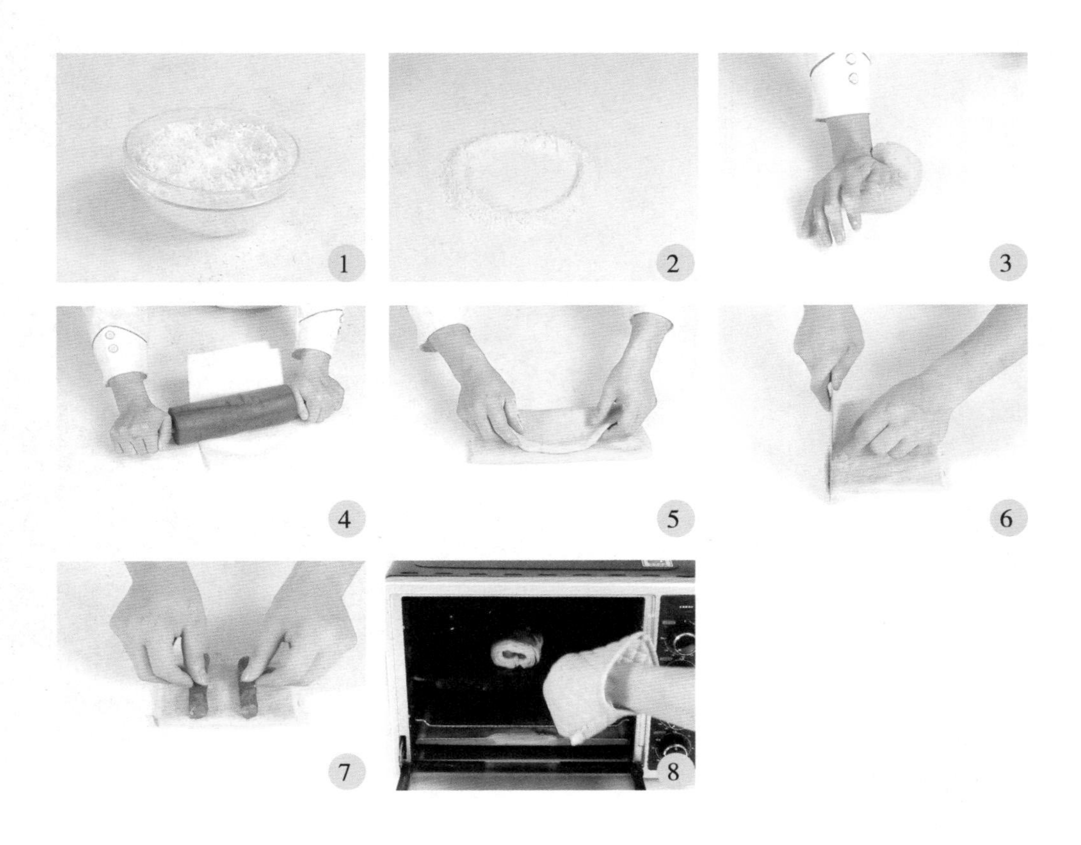

火腿肉松面包卷

烘焙：上火 180℃、下火 180℃，烤 13 分钟

材料

高筋面粉	500 克
黄奶油	70 克
奶粉	20 克
细砂糖	100 克
盐	5 克
鸡蛋	50 克
酵母	8 克
火腿粒	40 克
葱花	少许
肉松、沙拉酱	各适量
水	200 毫升

工具

搅拌器、刮板	各 1 个
蛋糕刀	1 把
叉子、抹刀	1 把
木棍	1 根
烤箱	1 台

扫二维码看视频

做法

1. 细砂糖装碗，加水，搅拌至细砂糖溶化，待用。
2. 将高筋面粉倒在案台上，加入酵母、奶粉，混匀，开窝，倒入糖水，刮入混合好的高筋面粉，揉成面团。
3. 加入鸡蛋、黄奶油、盐，揉成面团。用电子秤称取300克的面团，压平，拉成方形面皮。
4. 把面皮放入铺有烘焙纸的烤盘里，整理成与烤盘底部大小相近的形状，用叉子在面皮上扎均匀的小孔，使面皮发酵90分钟。
5. 把火腿粒撒在发酵好的面皮上，再撒上葱花。
6. 将烤盘放入预热好的烤箱，关上箱门，以上、下火180℃烤约13分钟；打开箱门，把烤好的面包取出。
7. 把面包倒扣在案台的白纸上，撕掉烘焙纸，用蛋糕刀把边缘切齐整，抹上一层沙拉酱。
8. 用木棍把白纸卷起，将面包卷成卷，两端切齐整，切成两段，每一段的两端分别蘸上沙拉酱、肉松，装入盘中即可。

菠菜培根芝士卷

烘焙：上火 190℃、下火 190℃，烤 10 分钟

材料

面团部分：高筋面粉 500 克，黄奶油 70 克，奶粉 20 克，细砂糖 100 克，盐 5 克，鸡蛋 1 个，水 200 毫升，酵母 8 克

馅部分：培根粒 40 克，芝士粒 30 克，菠菜汁适量

工具

玻璃碗、刮板、搅拌器各 1 个，保鲜膜 1 张，擀面杖 1 根，面包纸杯 3 个，刷子 1 把，烤箱 1 台

做法

1. 将细砂糖、水倒入玻璃碗中，用搅拌器搅拌至细砂糖溶化。
2. 把高筋面粉、酵母、奶粉倒在案台上，用刮板开窝。
3. 倒入备好的糖水，将材料混合均匀，并按压成形。
4. 将面团稍微拉平，加入鸡蛋，揉搓均匀。
5. 倒入黄奶油，将材料混合均匀，揉搓成面团。
6. 加入盐，揉搓成光滑的面团。
7. 用保鲜膜将面团包好，静置 10 分钟。
8. 取适量面团，用擀面杖擀平至成面饼。
9. 面饼上均匀地刷上适量菠菜汁，撒上芝士粒，放入培根粒。
10. 将放好食材的面饼卷成橄榄状生坯，切成三等份。
11. 备好面包纸杯，放入生坯，常温发酵 2 小时至微微膨胀。
12. 烤盘中放入生坯，再放入预热好的烤箱中。
13. 烤箱温度调至上火 190℃、下火 190℃。
14. 烤 10 分钟至熟，取出烤好的面包即可。

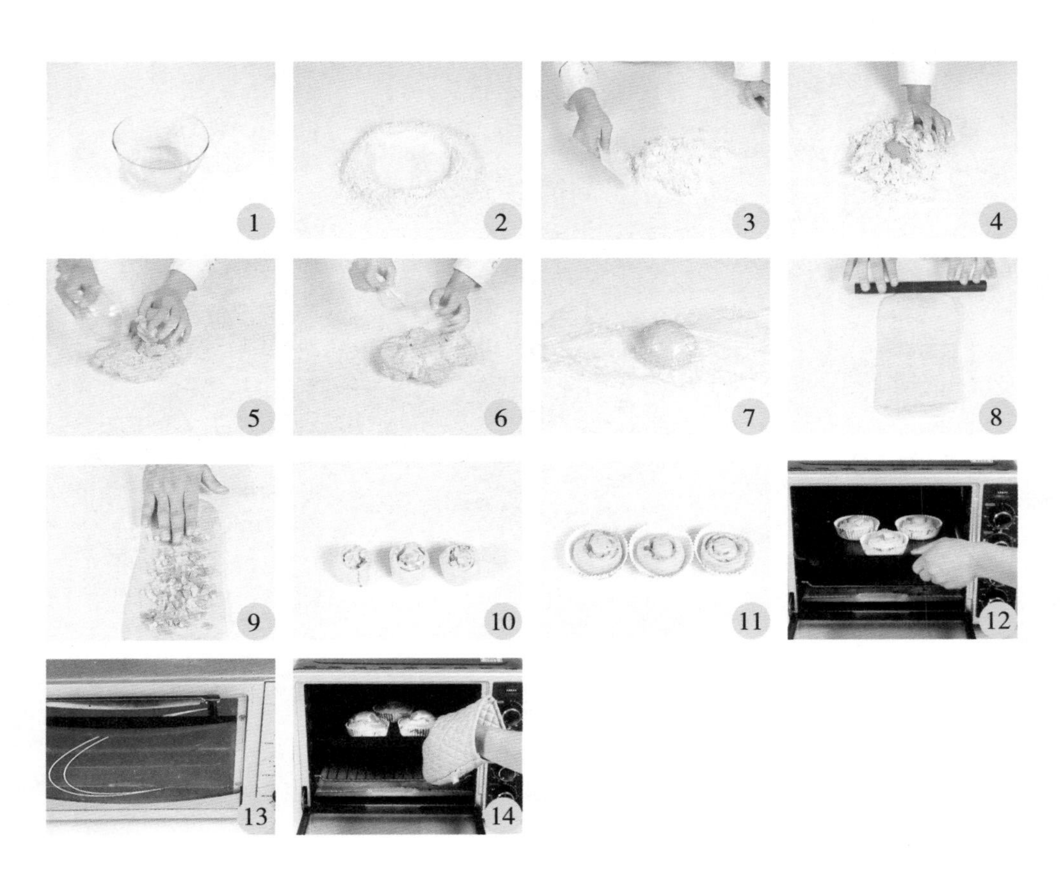

谷物三明治

烘焙：上火 190℃、下火 190℃，烤 15 分钟

材料

高筋面粉	125 克
全麦粉	125 克
黄奶油	30 克
酵母	4 克
蛋白	25 克
奶粉	10 克
细砂糖	50 克
鸡蛋	2 个
生菜叶	2 片
青椒圈	少许
火腿肠	2 根
沙拉酱、色拉油	各适量
水	80 毫升

工具

刮板	1 个
擀面杖	1 根
蛋糕刀、刷子	各 1 把
烤箱	1 台
白纸	1 张

扫二维码看视频

做法

1. 将全麦粉、高筋面粉倒在案台上，用刮板开窝。
2. 倒入奶粉、酵母，放入细砂糖、水，加入黄奶油，放入蛋白，揉搓成纯滑的面团。
3. 将面团分成 2 个大小均等的小面团，擀成面皮。将面皮卷成橄榄状生坯，放入烤盘里，在常温下发酵 90 分钟，使其发酵至原体积的两倍。
4. 把发酵好的生坯放入预热好的烤箱，关上箱门，以上火 190℃、下火 190℃烤 15 分钟至熟。
5. 打开箱门，取出烤好的面包，装入盘中，放凉待用。
6. 锅内热油，打入鸡蛋，小火煎成荷包蛋，将面包放在白纸上，用刀切成相连的两半，刷上沙拉酱，放上生菜叶、火腿肠、青椒圈、荷包蛋，夹好，装盘即可。

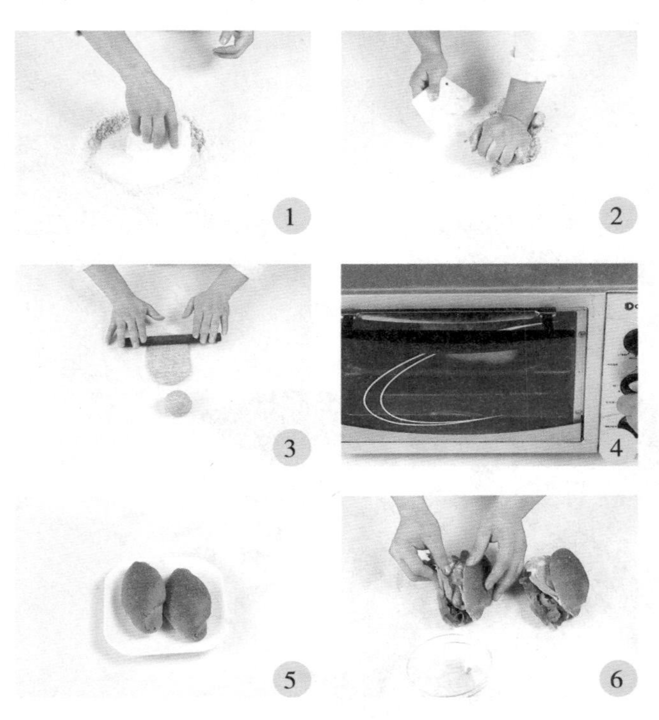

time happy

欧风面包 & 起酥面包，带你洋气一整天

漂亮的外形，饱满的内馅，
外形洋气的欧风包和酥脆醇香的起酥包，
满足你美好内心的同时，
还带给你非同一般的味觉体验，
让你体验别样的美味和幸福。

凯萨面包

烘焙：上火 190℃、下火 200℃，烤 20 分钟

材料

高筋面粉	500 克
黄奶油	70 克
奶粉	20 克
细砂糖	100 克
盐	5 克
鸡蛋	1 个
水	200 毫升
酵母	8 克
白芝麻	适量

工具

刮板	1 个
搅拌器	1 个
烤箱	1 台
保鲜膜	1 张

扫二维码看视频

小贴士

用勺子在生坯上压花纹时，注意力度要适中，以免破坏生坯的外形。

做法

1. 将细砂糖倒入玻璃碗中，加水，用搅拌器搅匀，制成糖水。

2. 将高筋面粉、酵母、奶粉用刮板混合均匀，再开窝。
3. 倒入糖水，刮入混合好的高筋面粉，混合成湿面团。
4. 加入鸡蛋，揉搓均匀，加入黄奶油，继续揉搓，充分混合。

5. 加盐，揉搓成光滑的面团，用保鲜膜包裹好，静置10分钟。
6. 去掉面团保鲜膜,取一半面团,分切成两个等份剂子。
7. 将剂子搓成球状，用勺子压出花纹，粘上白芝麻，制成生坯。
8. 将生坯装入烤盘，待发酵至两倍大。

9. 关上箱门，将烤箱调为上火190℃、下火200℃，预热5分钟。
10. 打开箱门，放入发酵好的生坯。
11. 关上箱门，烘烤20分钟至熟。
12. 戴上手套，打开箱门，将烤好的面包取出即可。

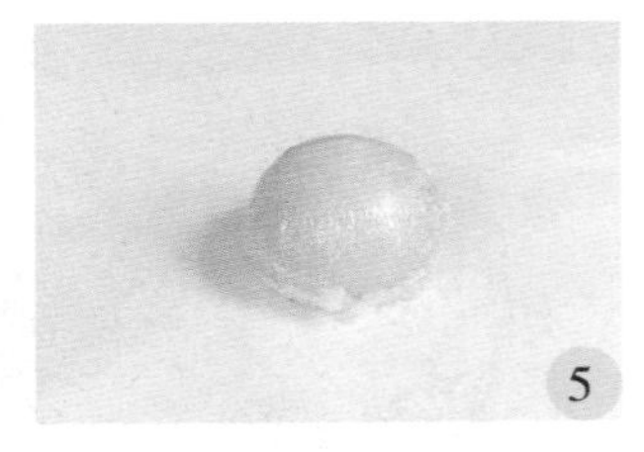

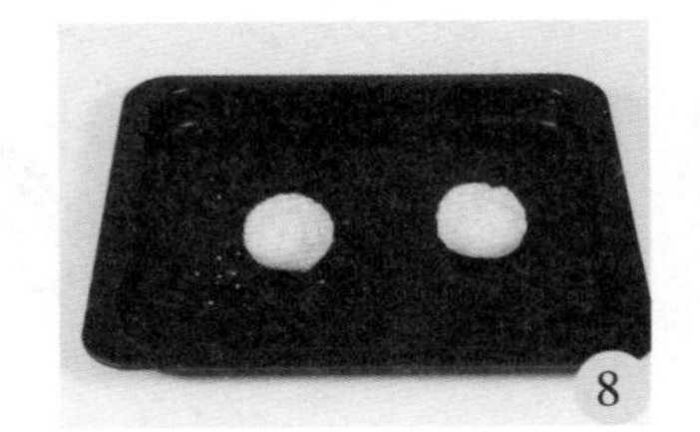

德式小餐包

烘焙：上火 190℃、下火 190℃，烤 10 分钟

材料

高筋面粉	500 克
黄奶油	70 克
奶粉	20 克
细砂糖	100 克
盐	5 克
鸡蛋	1 个
水	200 毫升
酵母	8 克
芝士粉	适量

工具

刮板	1 个
搅拌器	1 个
保鲜膜	1 张
烤箱	1 台

扫二维码看视频

小贴士

面团发酵时不要放在通风的地方，以免面皮表面发干而影响口感。

做法

1. 将细砂糖、水倒入玻璃碗中，用搅拌器搅拌至细砂糖溶化。
2. 将高筋面粉、酵母、奶粉混合均匀，再用刮板开窝。
3. 倒入糖水，刮入混合好的高筋面粉，混合成湿面团。
4. 加入鸡蛋，揉搓均匀。
5. 加入准备好的黄奶油，继续揉搓，充分混合均匀。
6. 加入盐，揉搓成光滑的面团，用保鲜膜包裹好，静置 10 分钟。
7. 去掉保鲜膜，取适量面团，分成均等的两个剂子，揉匀。
8. 将面团放入烤盘，均匀地撒上芝士粉，常温下发酵 2 个小时。
9. 将烤盘放入预热好的烤箱内，关上烤箱门。
10. 上、下火调为 190℃，烤制 10 分钟。
11. 待 10 分钟后，戴上隔热手套将烤盘取出。
12. 将放凉后的面包装入盘中即可。

1

2

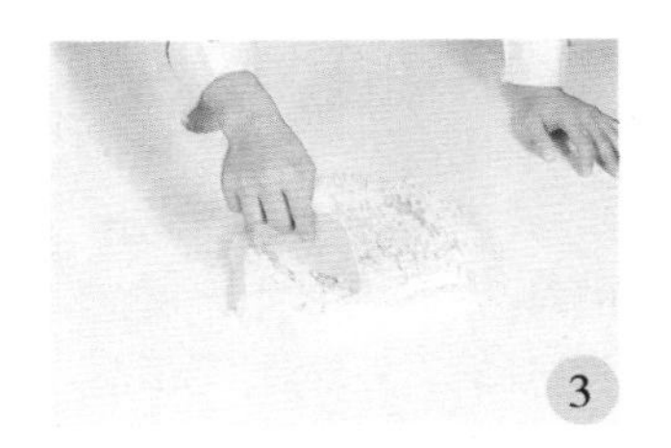
3

4

5

6

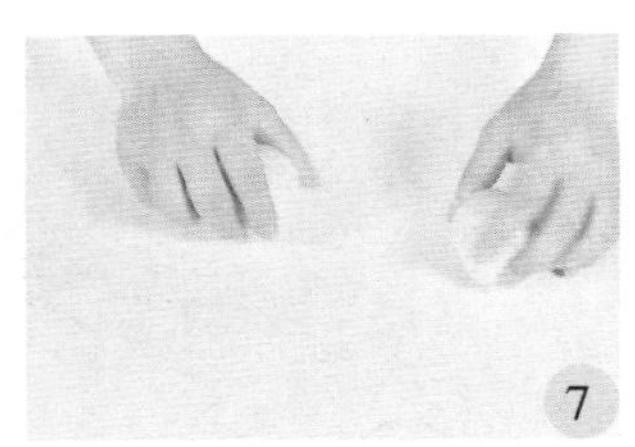
7

8

9

10

11

12

核桃柳叶包

烘焙：烤箱中层，上火190℃、下火200℃，烤20分钟

材料

高筋面粉	500克
黄奶油	70克
奶粉	20克
细砂糖	100克
盐	5克
鸡蛋	1个
水	200毫升
酵母	8克
核桃碎	30克
高筋面粉（装饰用）	适量

工具

刮板、筛网	各1个
搅拌器	1个
保鲜膜	1张
擀面杖	1根
刀片	1片
烤箱	1台

做法

1. 细砂糖加水，搅拌成糖水。
2. 将高筋面粉倒在面板上，加入酵母、奶粉，用刮板混合均匀，再开窝。
3. 倒入糖水，混合成湿面团。
4. 加鸡蛋、黄奶油和盐，揉搓成光滑的面团，用保鲜膜包裹好，饧面后去掉保鲜膜。
5. 将面团分切成数个等份剂子，搓圆球。
6. 用擀面杖把剂子擀成面皮，面皮翻面加核桃碎。
7. 卷起面皮搓成橄榄状，制成生坯，生坯入烤盘，发酵。
8. 高筋面粉过筛，撒在发酵好的生坯上，用刀片在生坯上轻划出数道柳叶状刀口。
9. 以上火 190℃、下火 200℃烤 20 分钟至熟。打开箱门，将烤好的面包取出即可。

小贴士

用刀片划开利于烘烤和面包外形的美观。

扫二维码看视频

德式裸麦面包

烘焙：上火190℃、下火190℃，烤10分钟

材料

高筋面粉500克，黄奶油70克，奶粉20克，细砂糖100克，盐5克，鸡蛋1个，水200毫升，酵母8克，裸麦粉50克，装饰用高筋面粉适量

工具

搅拌器、刮板、筛网各1个，刀片1片，保鲜膜1张，烤箱1台

做法

1. 将细砂糖、水倒入玻璃碗中，用搅拌器搅拌至细砂糖溶化。
2. 将高筋面粉、酵母、奶粉混合均匀，再用刮板开窝。
3. 倒入糖水，刮入混合好的高筋面粉，混合成湿面团。
4. 加入鸡蛋，揉搓均匀；加入黄奶油，继续揉搓，充分混合。
5. 加入盐，揉搓成光滑的面团，用保鲜膜包裹好，静置 10 分钟。
6. 去掉保鲜膜，取适量的面团，倒入裸麦粉，揉匀。
7. 将面团分成均等的两个剂子，揉捏匀。
8. 将面团放入烤盘，常温发酵 2 个小时。
9. 高筋面粉过筛，均匀地撒在面团上。
10. 用刀片在生坯表面划出花瓣样划痕。
11. 将烤盘放入预热好的烤箱内。
12. 上火调为 190℃，下火调 190℃，烤制 10 分钟。
13. 待 10 分钟后，戴上隔热手套将烤盘取出。
14. 将放凉后的面包装入盘中即可。

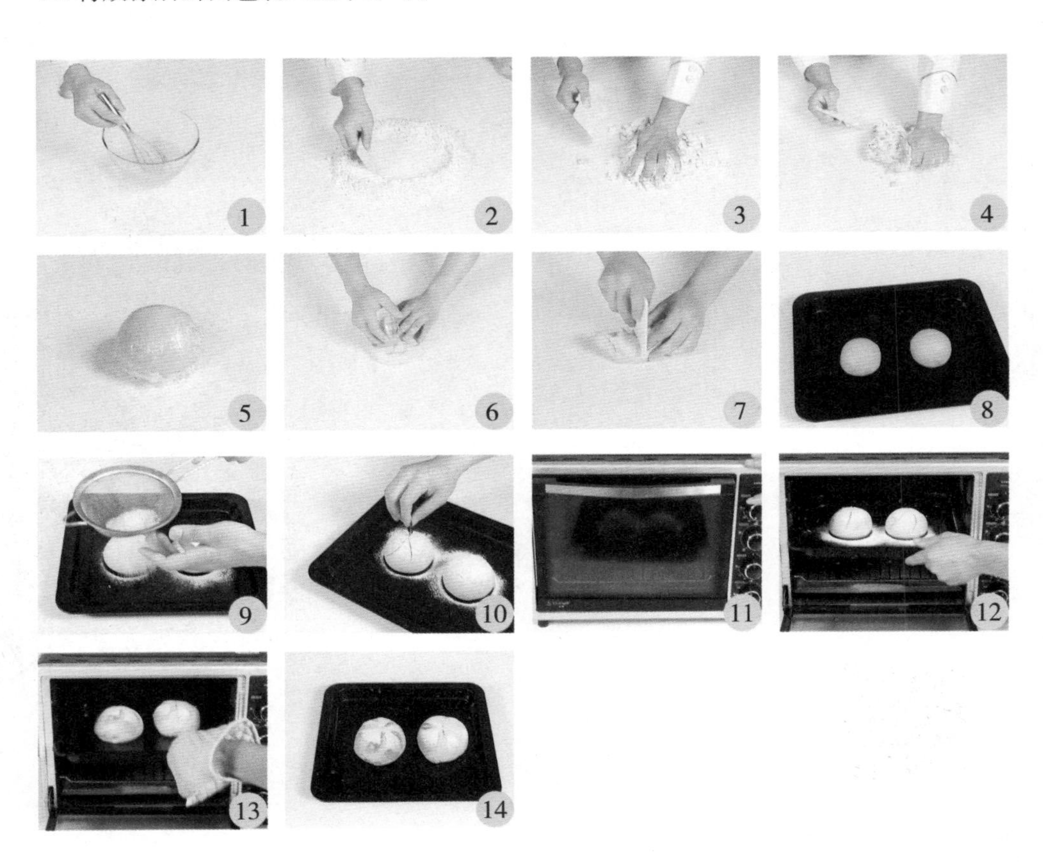

英国生姜面包

烘焙： 烤箱中层，上火 190℃、下火 190℃，烤 10 分钟

材料

高筋面粉	500 克
黄奶油	70 克
奶粉	20 克
细砂糖	100 克
盐	5 克
鸡蛋	1 个
水	200 毫升
酵母	8 克
姜粉	10 克

工具

刮板、搅拌器	各 1 个
烤箱	1 台
玻璃碗	1 个

扫二维码看视频

做法

1. 将细砂糖加水倒入玻璃碗中，搅拌至细砂糖溶化，待用。
2. 将高筋面粉、酵母、奶粉倒在案台上混匀，用刮板开窝。
3. 倒入糖水、鸡蛋，揉搓成面团。
4. 将面团稍微拉平，倒入黄奶油、盐，揉搓成光滑的面团。
5. 用保鲜膜将面团包好，静置 10 分钟后去膜。
6. 取适量面团，稍稍压平，倒入姜粉，搓揉均匀至成纯滑的面团。
7. 将其切成四等份，分别揉成小球生坯，放入生坯，常温发酵 2 小时至微微膨胀。
8. 将生坯放入预热好的烤箱中，以上火 190℃、下火 190℃，烤 10 分钟至熟即可。

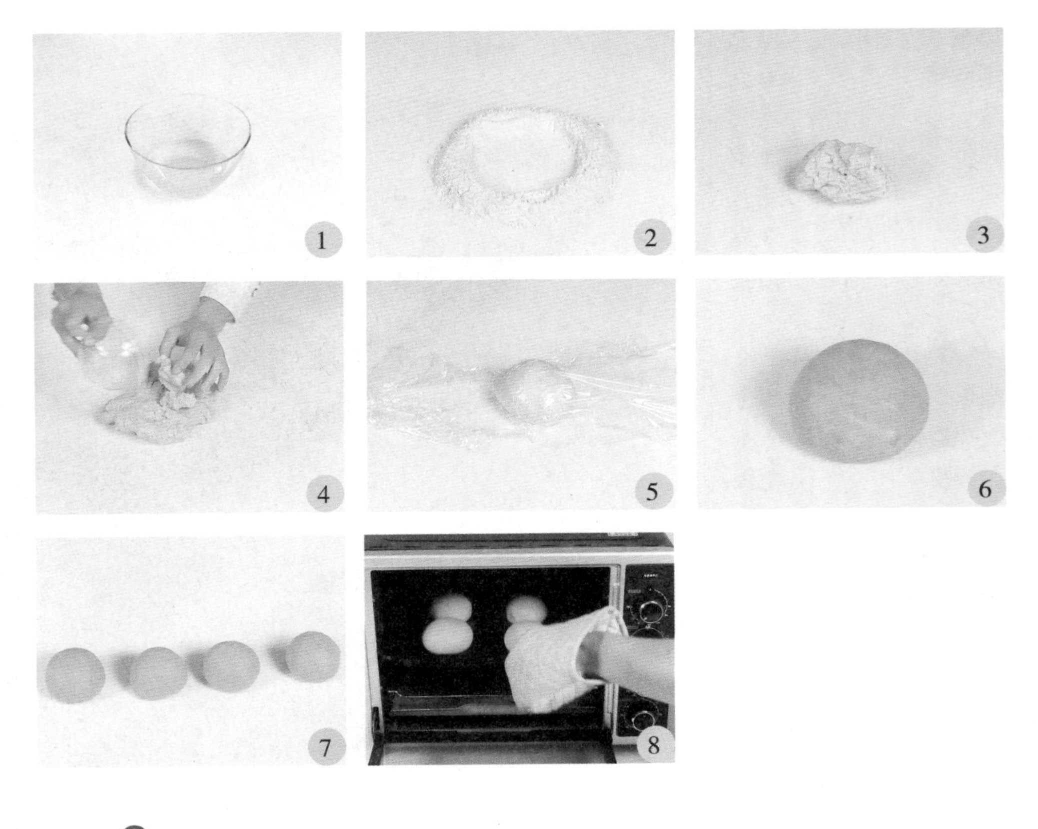

小贴士

可给生坯刷上蜂蜜，以中和姜粉的辛辣味。

意大利面包棒

烘焙：上火 190℃、下火 200℃，烤 20 分钟

材料

高筋面粉	500 克
黄奶油	70 克
奶粉	20 克
细砂糖	100 克
盐	5 克
鸡蛋	1 个
水	200 毫升
酵母	8 克
橄榄油	适量

工具

刮板	1 个
搅拌器	1 个
保鲜膜	1 张
刷子	1 把
擀面杖	1 根
烤箱	1 台

扫二维码看视频

小贴士

橄榄油不宜刷得过多，以免影响面包口感。

做法

1. 将细砂糖倒入玻璃碗中，加水，用搅拌器搅匀，制成糖水。
2. 将高筋面粉、酵母、奶粉用刮板混合均匀，开窝。
3. 倒入糖水，刮入混合好的高筋面粉，混合成湿面团。
4. 加入鸡蛋，揉搓均匀；加入黄奶油，继续揉搓，充分混合。
5. 加盐，揉搓成光滑的面团，用保鲜膜包裹好，静置10 分钟。
6. 去掉保鲜膜，取一半面团，分切成 4 个等份剂子。
7. 把剂子搓成圆球状，将面团擀成面皮。
8. 卷起，搓成长条状，制成生坯，装入烤盘，发酵至原体积的 2 倍。
9. 生坯发酵好后刷上一层橄榄油。
10. 关上箱门，将烤箱上火调为 190℃，下火调为 200℃，预热 5 分钟。
11. 打开箱门，放入发酵好的生坯，关上箱门，烘烤20 分钟。
12. 戴上手套，打开箱门，将烤好的面包棒取出即可。

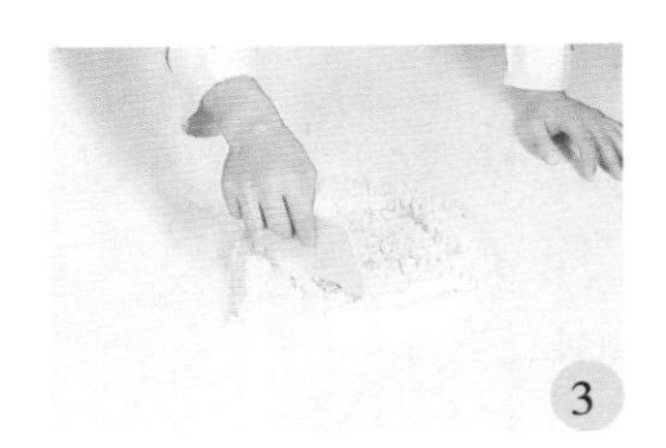

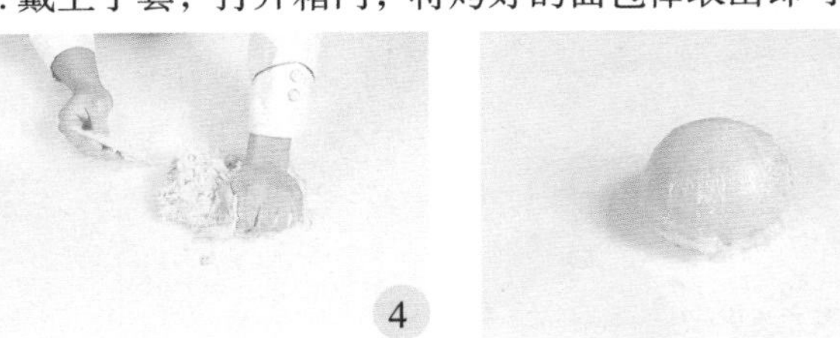

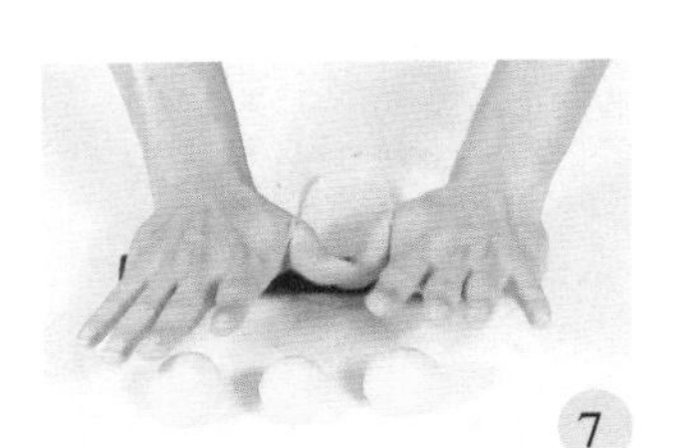

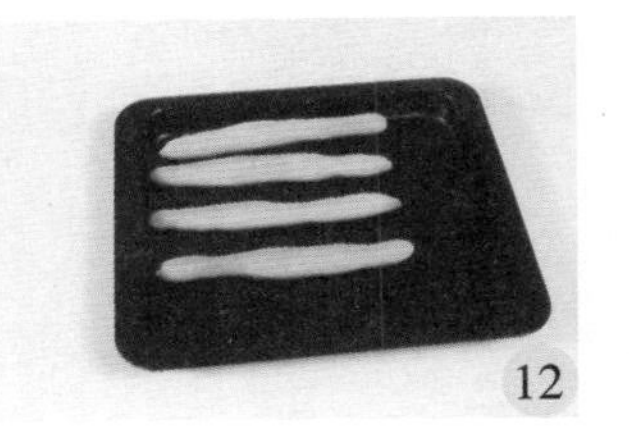

培根披萨

烘焙： 烤箱中层，上火 200℃、下火 200℃，烤 10 分钟

材料

面皮：

高筋面粉	200 克
酵母	3 克
黄奶油	20 克
水	80 毫升
盐	1 克
细砂糖	10 克
鸡蛋	1 个

馅料：

马苏里拉芝士丁	40 克
红彩椒粒	30 克
培根块、玉米粒各	40 克
番茄酱	适量
细砂糖	20 克

工具

刮板 、披萨圆盘各	1 个
擀面杖	1 根
叉子	1 把
烤箱	1 台

做法

1. 高筋面粉倒入面板上，用刮板开窝，加入水、细砂糖、酵母、盐拌匀。
2. 加鸡蛋、黄奶油混匀，搓揉至纯滑面团。
3. 取一半面团，擀成圆饼状面皮。
4. 将面皮放入披萨圆盘中，稍加修整。用叉子在面皮上扎小孔，发酵 2 小时。
5. 面皮上挤入番茄酱，加上玉米粒、培根块、红彩椒粒，撒上马苏里拉芝士丁，披萨生坯制成。
6. 烤箱温度调至上下火 200℃预热后，放入披萨生坯，烤 10 分钟至熟。

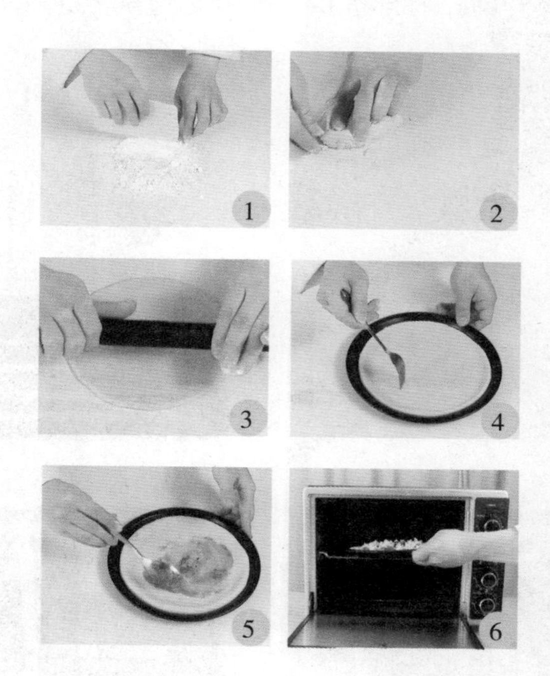

扫二维码看视频

田园风光披萨

烘焙：烤箱中层，上火200℃、下火200℃，烤10分钟

材料

面皮：

高筋面粉	200克
酵母	3克
黄奶油	20克
水	80毫升
盐	1克
细砂糖	10克
鸡蛋	1个

馅料：

鸡蛋	1个
洋葱丝	20克
玉米粒	30克
香菇片	20克
胡萝卜丝	30克
黑胡椒粉	适量
马苏里拉芝士丁	40克

工具

刮板、披萨圆盘	各1个
擀面杖	1根
叉子	1把
烤箱	1台

做法

1. 高筋面粉倒入面板上，用刮板开窝，加入水、细砂糖、酵母、盐拌匀。
2. 加鸡蛋搅散，刮入高筋面粉混合均匀，倒入黄奶油混匀，搓揉至纯滑面团。
3. 取一半面团，擀成圆饼状面皮。
4. 把面皮放入披萨圆盘中，稍加修整，用叉子在面皮上均匀地扎出小孔，在常温下发酵 1 小时。
5. 面皮上倒入打散的蛋液，撒上黑胡椒粉。
6. 放玉米粒、洋葱丝、香菇片、胡萝卜丝。
7. 撒上马苏里拉芝士丁，披萨生坯制成。
8. 烤箱温度调至上、下火 200℃，预热，放入披萨生坯，烤 10 分钟至熟。

小贴士

芝士丁可以根据个人的喜好来添加。

扫二维码看视频

鲜蔬虾仁披萨

烘焙：上火 200℃、下火 200℃，烤 10 分钟

材料

面皮：高筋面粉 200 克，酵母 3 克，黄奶油 20 克，水 80 毫升，盐 1 克，细砂糖 10 克，鸡蛋 1 个

馅料：西蓝花 45 克，虾仁、玉米粒、番茄酱各适量，芝士丁 40 克

工具

刮板、披萨圆盘各 1 个，擀面杖 1 根，叉子 1 把，烤箱 1 台

做法

1. 高筋面粉倒入案台上，用刮板开窝。
2. 加入水、细砂糖，搅匀，加入酵母、盐，搅匀。
3. 放入鸡蛋，搅散，刮入高筋面粉，混合均匀。
4. 倒入黄奶油，混匀，搓揉至纯滑面团。
5. 取一半面团，用擀面杖均匀擀成圆饼状面皮。
6. 将面皮放入披萨圆盘中，稍加修整，使其完整贴合。
7. 用叉子在面皮上均匀地扎出小孔。
8. 处理好的面皮放置常温下发酵 1 小时。
9. 在发酵好的面皮上铺一层玉米粒。
10. 放上洗净切小块的西蓝花、洗好的虾仁。
11. 均匀地挤上适量番茄酱，撒上芝士丁，披萨生坯制成。
12. 预热烤箱，温度调至上下火 200℃。
13. 将披萨生坯放入预热好的烤箱中，烤 10 分钟至熟。
14. 取出烤好的披萨即可。

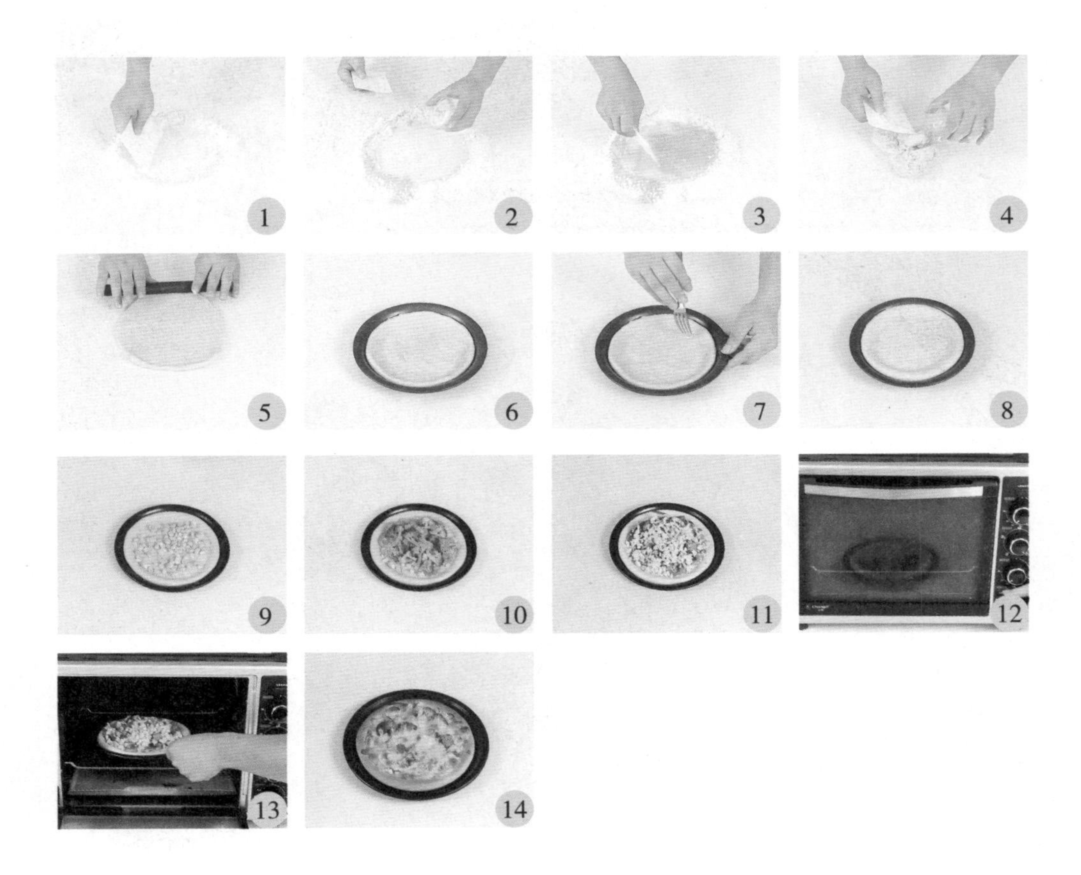

扫二维码看视频

黄桃培根披萨

烘焙：烤箱中层，上火200℃、下火200℃，烤10分钟

材料

面皮：高筋面粉200克，酵母3克，黄奶油20克，水80毫升，盐1克，细砂糖10克，鸡蛋1个

馅料：黄桃块80克，培根片50克，黄彩椒粒、红彩椒粒、青椒粒各40克，洋葱丝30克，沙拉酱20克，马苏里拉芝士丁40克

工具

刮板、披萨圆盘各1个，擀面杖1根，叉子、刷子各1把，烤箱1台

做法

1. 高筋面粉倒入面板上，用刮板开窝。
2. 加入水、细砂糖、酵母、盐搅匀，放入鸡蛋搅散。
3. 刮入高筋面粉混合均匀；倒入黄奶油混匀，搓揉至纯滑面团。
4. 取一半面团，用擀面杖均匀擀成圆饼状面皮。
5. 将面皮放入披萨圆盘中，稍加修整，使面皮与披萨圆盘完整贴合。
6. 用叉子在面皮上均匀地扎出小孔。
7. 处理好的面皮放置常温下发酵 1 小时。
8. 发酵好的面皮上放入培根片。
9. 加入黄桃块、洋葱丝。
10. 撒上黄彩椒粒、红彩椒粒、青椒粒。
11. 刷上沙拉酱。
12. 撒上马苏里拉芝士丁，披萨生坯制成。
13. 预热烤箱，温度调至上、下火 200℃。
14. 将装有披萨生坯的披萨圆盘放入预热好的烤箱中，烤 10 分钟至熟。
15. 取出烤好的披萨即可。

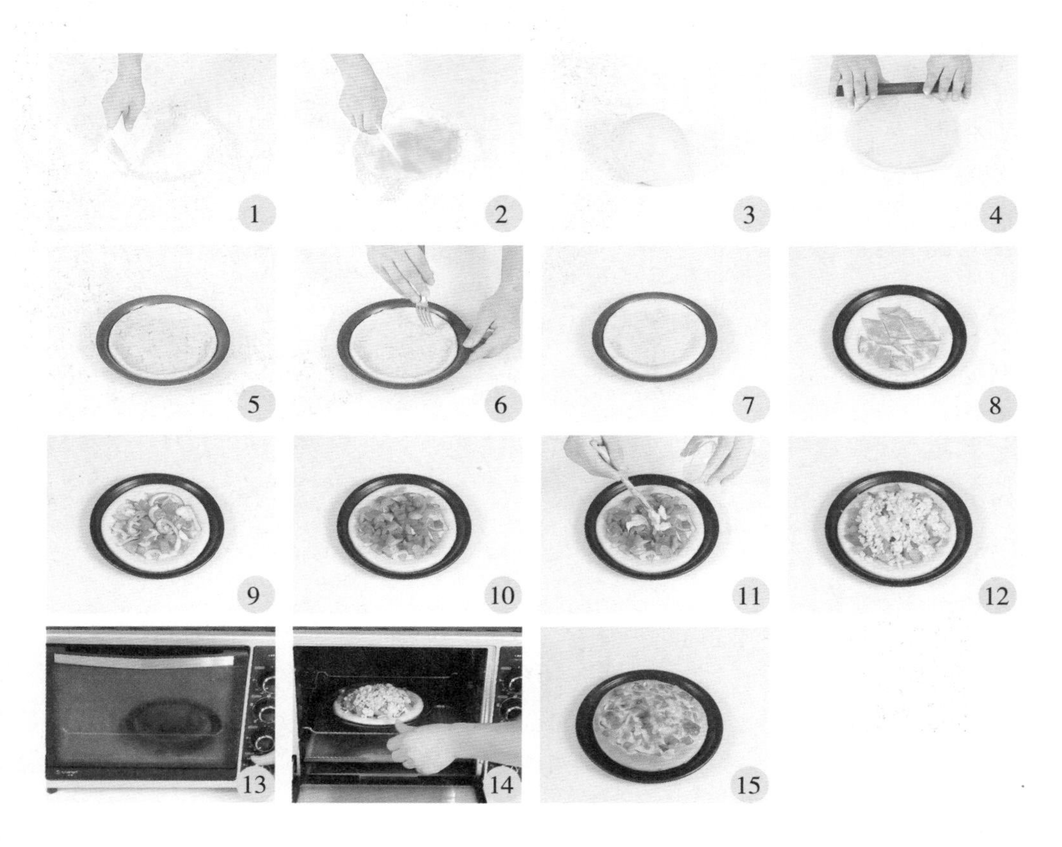

奥尔良风味披萨

烘焙： 上火200℃、下火200℃，烤10分钟

材料

面皮：

高筋面粉	200克
酵母	3克
黄奶油	20克
水	80毫升
盐	1克
细砂糖	10克
鸡蛋	1个

馅料：

瘦肉丝	50克
玉米粒	40克
青椒粒、红彩椒粒	各40克
洋葱丝	40克
芝士丁	40克

工具

刮板、披萨圆盘	各1个
擀面杖	1根
叉子	1把
烤箱	1台

扫二维码看视频

小贴士

发酵的时间一定要足够，这样做出的披萨味道会更好。

做法

1. 高筋面粉倒入案台上，用刮板开窝。
2. 加入水、细砂糖，搅匀，加入酵母、盐，搅匀。
3. 放入鸡蛋，搅散，刮入高筋面粉，混合均匀。
4. 倒入黄奶油，混匀，搓揉至表面光滑。
5. 取一半面团，用擀面杖均匀擀成圆饼状面皮。
6. 将面皮放入披萨圆盘中，稍加修整，使其完整贴合。
7. 用叉子在面皮上均匀地扎出小孔，放置常温下发酵1小时。
8. 在发酵好的面皮上撒入玉米粒、洋葱丝、青椒粒、红彩椒粒。
9. 加入瘦肉丝，撒上芝士丁，披萨生坯制成。
10. 预热烤箱，温度调至上、下火200℃。
11. 将披萨生坯放入预热好的烤箱中，烤10分钟至熟。
12. 取出烤好的披萨即可。

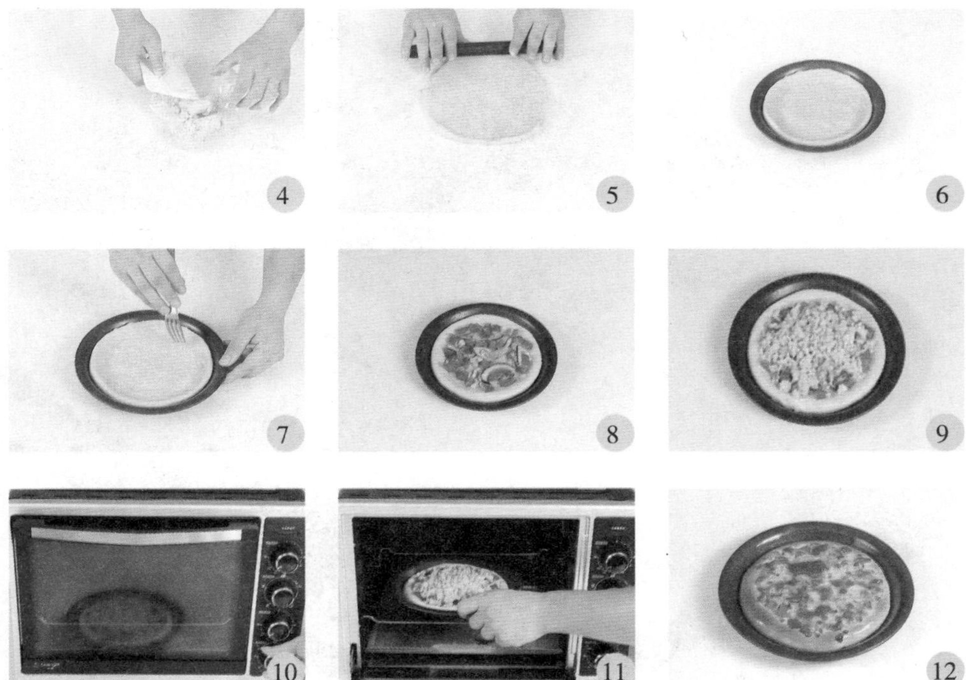

扫二维码看视频

肉松起酥面包

烘焙：上火200℃、下火200℃，烤15分钟

材料

高筋面粉170克，低筋面粉30克，细砂糖50克，黄奶油20克，奶粉12克，盐3克，酵母5克，水88毫升，鸡蛋40克，片状酥油70克，肉松30克，鸡蛋1个，黑芝麻适量

工具

刮板1个，油纸1张，擀面杖1根，烤箱1台，刷子1把，小刀1把

做法

1. 将低筋面粉倒入装有高筋面粉的玻璃碗中，混合均匀。
2. 倒入奶粉、酵母、盐，拌匀，倒在案台上，用刮板开窝。
3. 倒入水、细砂糖，搅拌均匀；放入鸡蛋，拌匀。
4. 将材料混合均匀，揉搓成湿面团；加入黄奶油，揉搓成光滑的面团。
5. 用油纸包好片状酥油，用擀面杖将其擀薄，待用。
6. 将面团擀成薄片制成长方形面皮，放上酥油片，将面皮折叠，把面皮擀平。
7. 先将三分之一的面皮折叠，将剩下的折叠起来，冷藏 10 分钟。
8. 取出面团，继续擀平，将上述动作重复操作两次，制成酥皮。
9. 取适量酥皮，将其边缘切平整，刷上一层蛋液，铺一层肉松。
10. 将酥皮对折，其上面刷上一层蛋液。
11. 撒上适量黑芝麻，制成面包生坯，放入烤盘。
12. 预热烤箱，温度调至上火 200℃、下火 200℃。
13. 烤盘放入预热好的烤箱中，烤 15 分钟至熟。
14. 取出烤盘，将烤好的面包装盘即可。

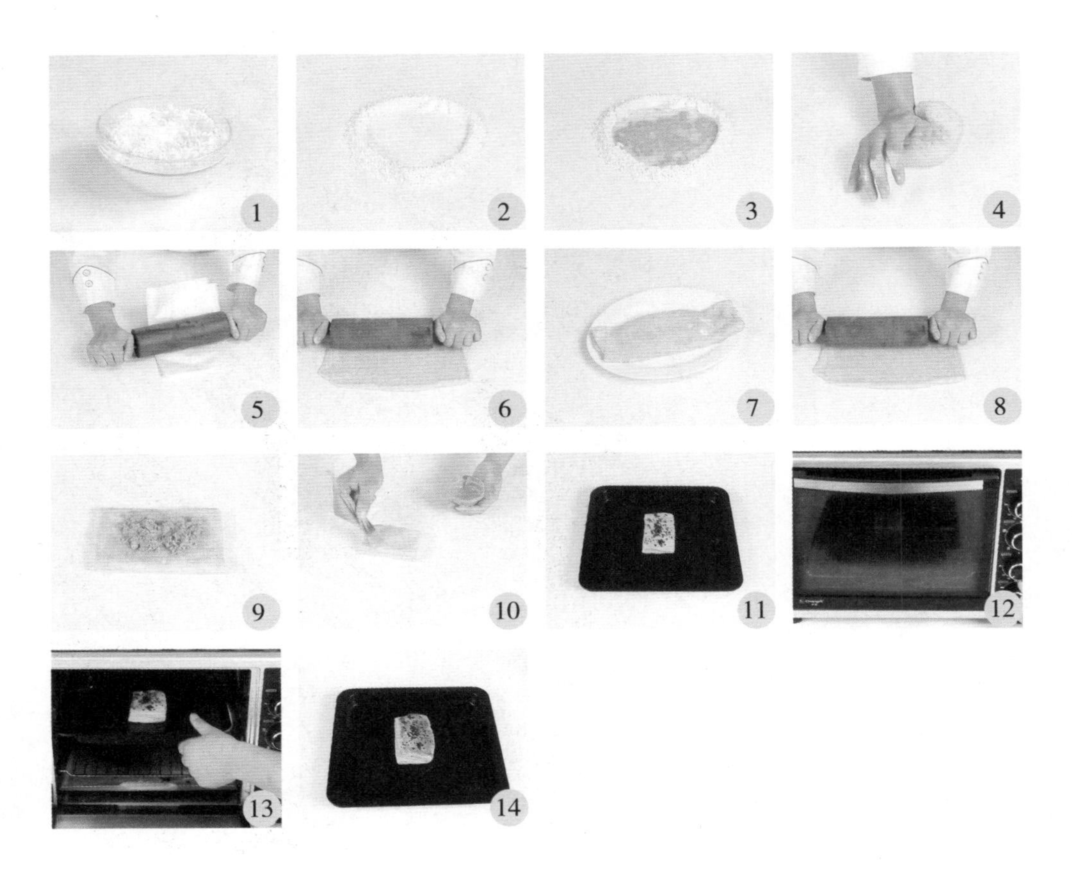

扫二维码看视频

杏仁起酥面包

烘焙：上火 200℃、下火 200℃，烤 15 分钟

材料

高筋面粉 170 克，低筋面粉 30 克，细砂糖 50 克，黄奶油 20 克，奶粉 12 克，盐 3 克，酵母 5 克，水 88 毫升，鸡蛋 40 克，片状酥油 70 克，杏仁片 40 克，鸡蛋 1 个

工具

刮板 1 个，油纸 1 张，刷子 1 把，擀面杖 1 根，小刀 1 把，烤箱 1 台

做法

1. 将低筋面粉倒入装有高筋面粉的玻璃碗中，混合均匀。
2. 倒入奶粉、酵母、盐，拌匀，倒在案台上，用刮板开窝。
3. 倒入水、细砂糖，搅拌均匀。放入鸡蛋，拌匀。
4. 将材料混合均匀，揉成湿面团。
5. 加入黄奶油，揉搓成光滑的面团。
6. 用油纸包好片状酥油，用擀面杖将其擀薄，待用。
7. 将面团擀成薄片，制成长方形面皮。
8. 放上酥油片，将面皮折叠起来盖住酥油片。
9. 将面皮擀平，分成 3 边折叠起来，冷藏 10 分钟。
10. 取出面团，继续擀平，重复动作两次，制成酥皮。
11. 案台撒上面粉，取适量酥皮，切成两块长方条，将边缘切平整。
12. 分别在两块长方条酥皮中间打竖划开一条道子。
13. 分别将道子稍稍扯开成一个口子。
14. 酥皮两端往口子内翻，两边扭成麻花状制成生坯。
15. 备好烤盘，放上生坯，用刷子刷上一层蛋液，再撒上杏仁片。
16. 烤盘放入预热好的烤箱中，上、下火 200℃，烤 15 分钟至熟。

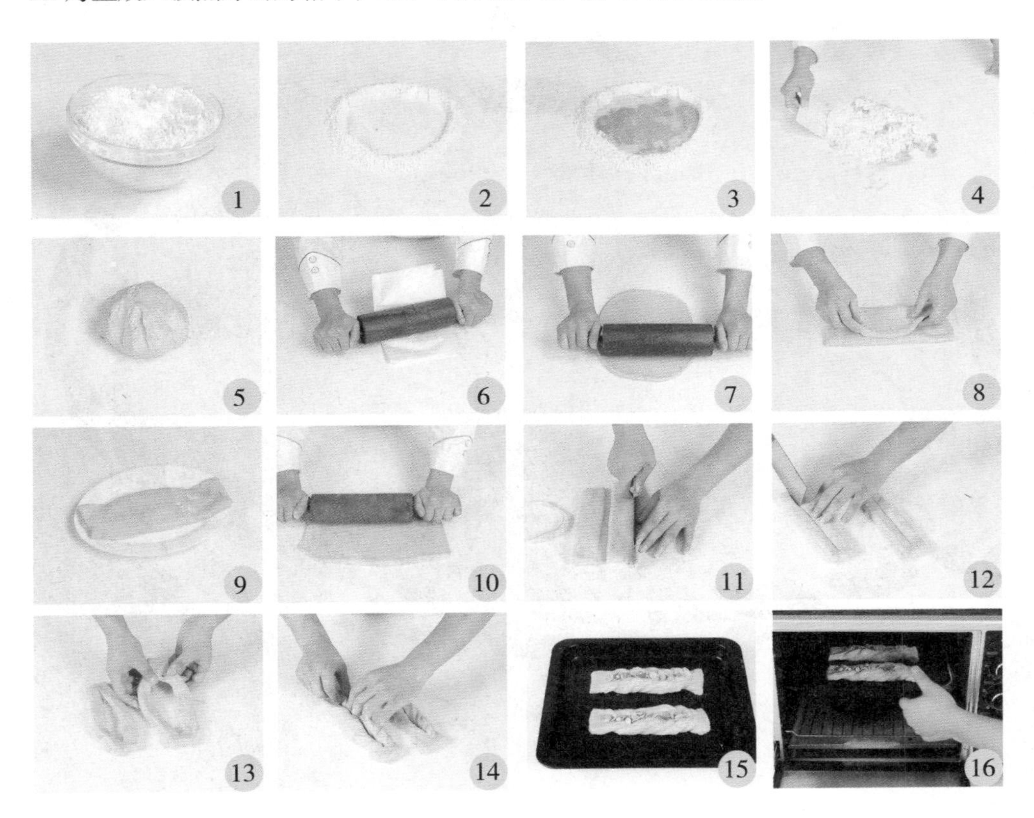

扫二维码看视频

丹麦牛角面包

烘焙：上火 200℃、下火 190℃，烤 15 分钟

材料

高筋面粉 170 克，低筋面粉 30 克，细砂糖 50 克，黄奶油 20 克，鸡蛋 1 个，片状酥油 70 克，清水 80 毫升，酵母 4 克，奶粉 20 克

工具

刮板 1 个，擀面杖 1 根，刀、尺子各 1 把，烤箱 1 台

做法

1. 将高筋面粉、低筋面粉、奶粉、酵母倒在案台上，搅拌均匀。
2. 用刮板在中间掏一个粉窝，倒入备好的细砂糖、鸡蛋，将其拌匀。
3. 倒入清水，将内侧一些的粉类跟水搅拌匀。
4. 再倒入黄奶油，一边翻搅一边按压，制成表面平滑的面团。
5. 用擀面杖将揉好的面团擀制成长形面片，放入片状酥油。
6. 将另一侧面片覆盖，把四周封紧，用擀面杖擀至酥油分散匀。
7. 将擀好的面片叠成三层，再放入冰箱冷冻 10 分钟拿出。
8. 继续将面团擀薄，依此进行三次，再拿出面团擀薄擀大。
9. 将面片的边修掉，用尺子量好，分成大小一致的等腰三角形。
10. 依次将面皮从宽的那端慢慢卷制成面坯，放入烤盘发酵至两倍大。
11. 烤盘放入预热好的烤箱内，关上烤箱门。
12. 上火调为 200℃，下火调为 190℃，时间定为 15 分钟。
13. 待 15 分钟后，戴上隔热手套将烤盘取出放凉。
14. 将放凉的面包装入盘中即可食用。

扫二维码看视频

丹麦果仁面包

烘焙：上火 180℃、下火 200℃，烤 20 分钟

材料

面包体部分：高筋面粉 170 克，低筋面粉 30 克，细砂糖 50 克，黄奶油 20 克，奶粉 12 克，盐 3 克，酵母 5 克，水 88 毫升，鸡蛋 40 克，片状酥油 70 克，葵花子 30 克，花生碎 40 克

装饰部分：杏仁片、糖粉各适量

工具

刮板、筛网各 1 个，油纸 1 张，擀面杖 1 根，模具 1 个，烤箱 1 台

做法

1. 将低筋面粉倒入装有高筋面粉的玻璃碗中，混合均匀。
2. 倒入奶粉、酵母、盐，拌匀，倒在案台上，用刮板开窝。
3. 倒入水、细砂糖，搅拌均匀，放入鸡蛋，拌匀。
4. 将材料混匀，揉成面团，加入黄奶油，揉搓成光滑的面团。
5. 用油纸包好片状酥油，用擀面杖将其擀薄，待用。
6. 将面团擀成面皮，放上酥油片，将面皮折叠，把面皮擀平。
7. 将三分之一的面皮折叠，再将剩下的折叠起来，冷藏 10 分钟。
8. 取出面团，继续擀平，将上述动作重复操作两次。
9. 取适量酥皮，用擀面杖擀薄，铺上葵花子，再铺上花生碎。
10. 纵向将酥皮对折，中间切开一道口子。
11. 拧成麻花形，再盘成花环状。
12. 将生坯放入模具里，撒上杏仁片，常温发酵 1.5 小时。
13. 将烤箱上火调为 180℃，下火调为 200℃，预热 5 分钟。
14. 打开箱门，放入发酵好的生坯，烘烤 20 分钟至熟。
15. 戴上手套，打开箱门，将烤好的面包取出。
16. 面包脱模后装盘，将适量糖粉过筛，撒在面包上即可。

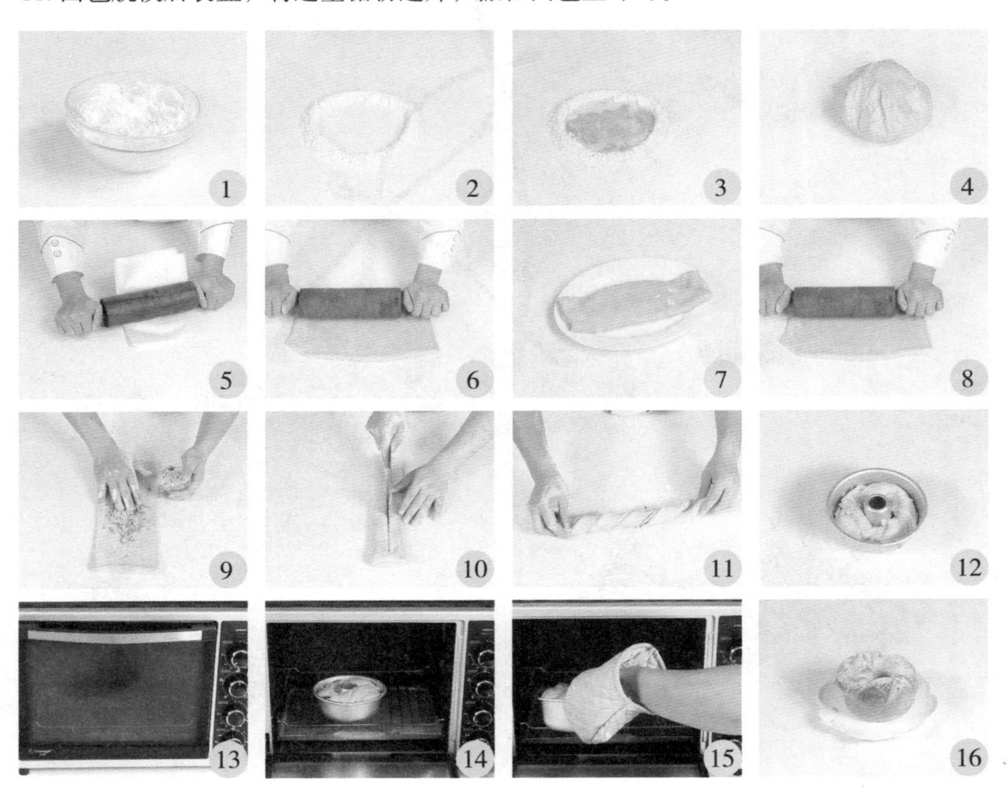

扫二维码看视频

丹麦樱桃面包

烘焙：上火 200℃、下火 200℃，烤 15 分钟

材料

高筋面粉 170 克，低筋面粉 30 克，细砂糖 50 克，黄奶油 20 克，奶粉 12 克，盐 3 克，酵母 5 克，水 88 毫升，鸡蛋 40 克，片状酥油 70 克，樱桃、糖粉（选用）各适量

工具

刮板各 1 个，圆形模具 2 个，烤箱 1 台

做法

1. 将低筋面粉倒入装有高筋面粉的玻璃碗中，混合均匀。
2. 倒入奶粉、酵母、盐，拌匀，倒在案台上，用刮板开窝。
3. 倒入水、细砂糖，搅拌均匀，放入鸡蛋，拌匀。
4. 将材料混匀，揉成湿面团，加入黄奶油，揉搓成光滑的面团。
5. 用油纸包好片状酥油，用擀面杖将其擀薄，待用。
6. 将面团擀成薄片，放上酥油片，将面皮折叠并擀平。
7. 将三分之一的面皮折叠，再将剩下的折叠起来，冷藏 10 分钟。
8. 取出面团，继续擀平，将上述动作重复操作两次，制成酥皮。
9. 取适量酥皮，用圆形模具压制出两个圆性饼坯。
10. 取其中一圆形饼坯，用小一号圆形模具压出一道圈后取下。
11. 将圆圈饼坯放在圆形饼坯上方，制成面包生坯。
12. 备好烤盘，放上生坯，在生坯中放上适量樱桃。
13. 预热烤箱，温度调至上火、下火 200℃，放入烤盘，烤 15 分钟至熟。
14. 取出烤盘，将烤好的面包装盘，也可根据个人喜好筛上适量糖粉。

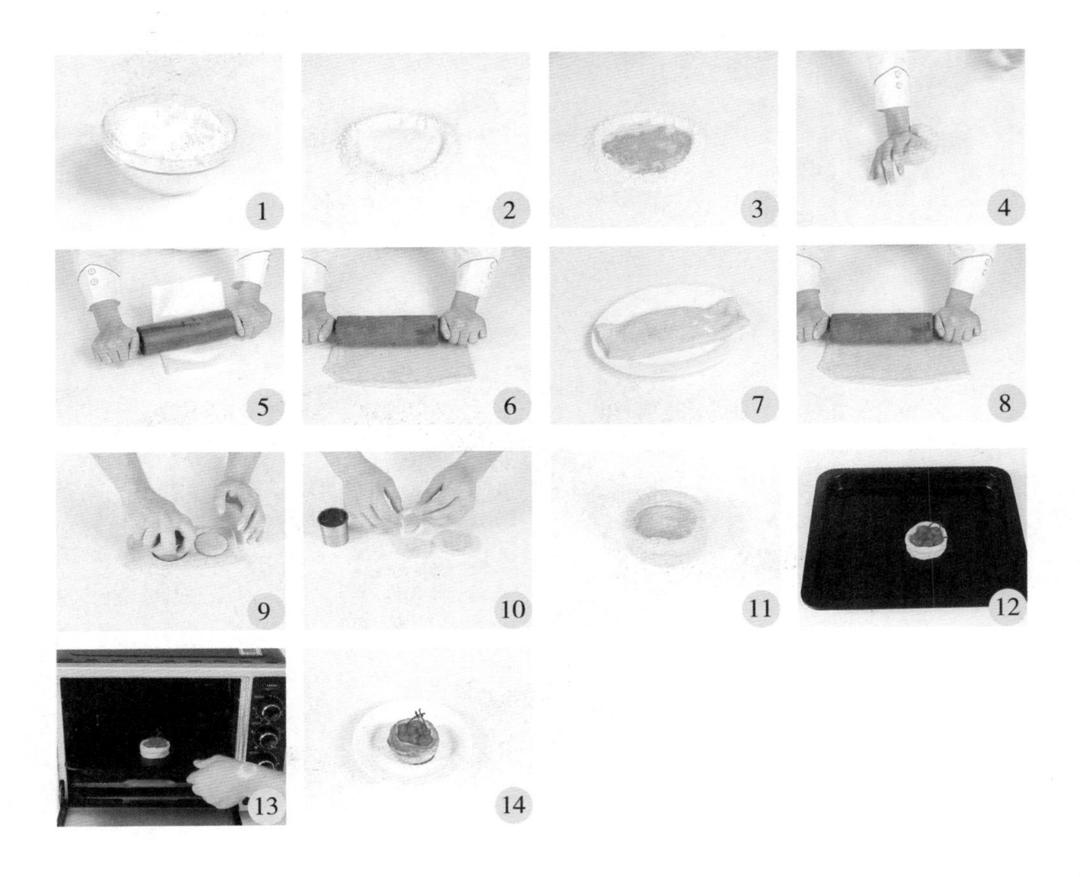

扫二维码看视频

火腿可颂

烘焙：上火190℃、下火190℃，15分钟

材料

高筋面粉170克，低筋面粉30克，细砂糖50克，黄奶油20克，奶粉12克，盐3克，酵母5克，水88毫升，鸡蛋40克，片状酥油70克，火腿4根，蜂蜜适量

工具

刮板1个，擀面杖1根，量尺1把，油纸1张，刀1把，刷子1把，烤箱1台

做法

1. 将低筋面粉倒入装有高筋面粉的玻璃碗中，混合均匀。
2. 倒入奶粉、酵母、盐拌均匀。
3. 将混合的材料倒在案台上，开窝，倒入水、细砂糖，搅拌均匀。
4. 放入鸡蛋，拌匀。
5. 材料混合均匀后揉搓成面团，加黄奶油混匀，搓成纯滑的面团。
6. 将片状酥油放在油纸上，对折油纸，略微压一下。
7. 再用擀面杖将片状酥油擀成薄片，待用。
8. 将面团擀成面皮，整理成长方形，放上酥油片。
9. 盖上酥油片，把面皮擀平对折两次，放入冰箱冷藏 10 分钟。
10. 取出冷藏好的面团，继续擀平。
11. 再对折两次，放入冰箱，冷藏 10 分钟。
12. 取出冷藏好的面团，再次擀平，继续对折两次，即成面团。
13. 用擀面杖将面团擀薄，将面皮四周修整齐。用量尺量好，用刀切成长三角形。
14. 将火腿放到三角形面皮上，卷成卷，制成火腿可颂生坯，入烤盘发酵 90 分钟。
15. 将烤盘放入烤箱，温度调为上、下火 190℃，烤 15 分钟至熟，从烤箱中取出烤盘。将烤好的可颂装入盘中，在可颂上刷上蜂蜜即可。

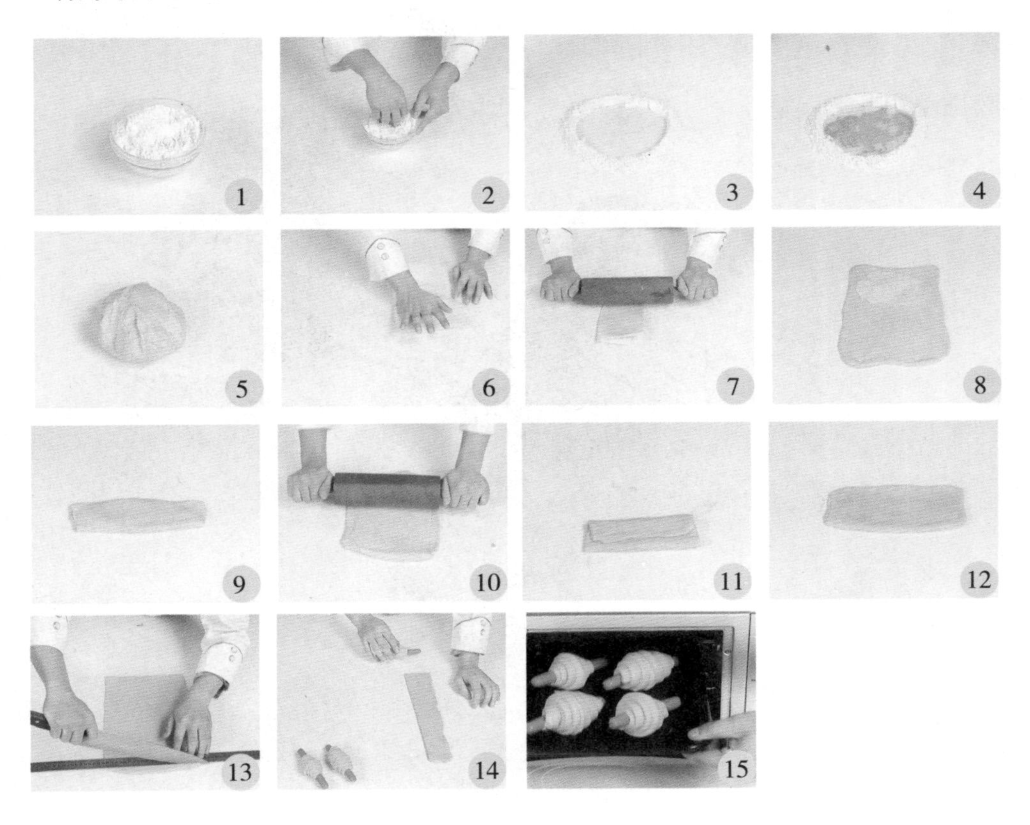

扫二维码看视频

芝麻可颂

烘焙：上火200℃、下火200℃，烤15分钟

材料

高筋面粉170克，低筋面粉30克，细砂糖50克，黄奶油20克，奶粉12克，盐3克，酵母5克，水88毫升，鸡蛋40克，片状酥油70克，黑芝麻少许，蜂蜜适量

工具

刮板1个，擀面杖1根，量尺、刀子、刷子各1把，油纸1张，烤箱1台

做法

1. 将低筋面粉倒入装有高筋面粉的玻璃碗中，混合均匀。倒入奶粉、酵母、盐，拌匀。
2. 倒在案台上，用刮板开窝，倒入水、细砂糖，搅拌均匀。放入鸡蛋，拌匀。
3. 将材料混合均匀，揉搓成面团。
4. 加入黄奶油，混合匀，揉搓成纯滑的面团。
5. 将片状酥油放在油纸上，对折油纸，略压一下。
6. 再用擀面杖将片状酥油擀成薄片，待用。
7. 将面团擀成面皮，将面皮整理成长方形，放上酥油片。
8. 将面皮盖上酥油片，擀平后对折两次，放入冰箱冷藏 10 分钟。
9. 取出冷藏好的面团，继续擀平。再对折两次，放入冰箱，冷藏 10 分钟。
10. 取出冷藏好的面团，擀平对折两次，即成面团。将面皮擀薄，用量尺量好，将面皮四周修整齐。
11. 将面皮切成三角形，在面皮上撒入少许黑芝麻。
12. 从底部卷起，慢慢地卷成卷，制成芝麻可颂生坯。
13. 把芝麻可颂生坯放入烤盘中，使其发酵 90 分钟。
14. 将烤盘放入烤箱，以上、下火 200℃烤 15 分钟至熟，取出装盘，刷上适量蜂蜜即可。

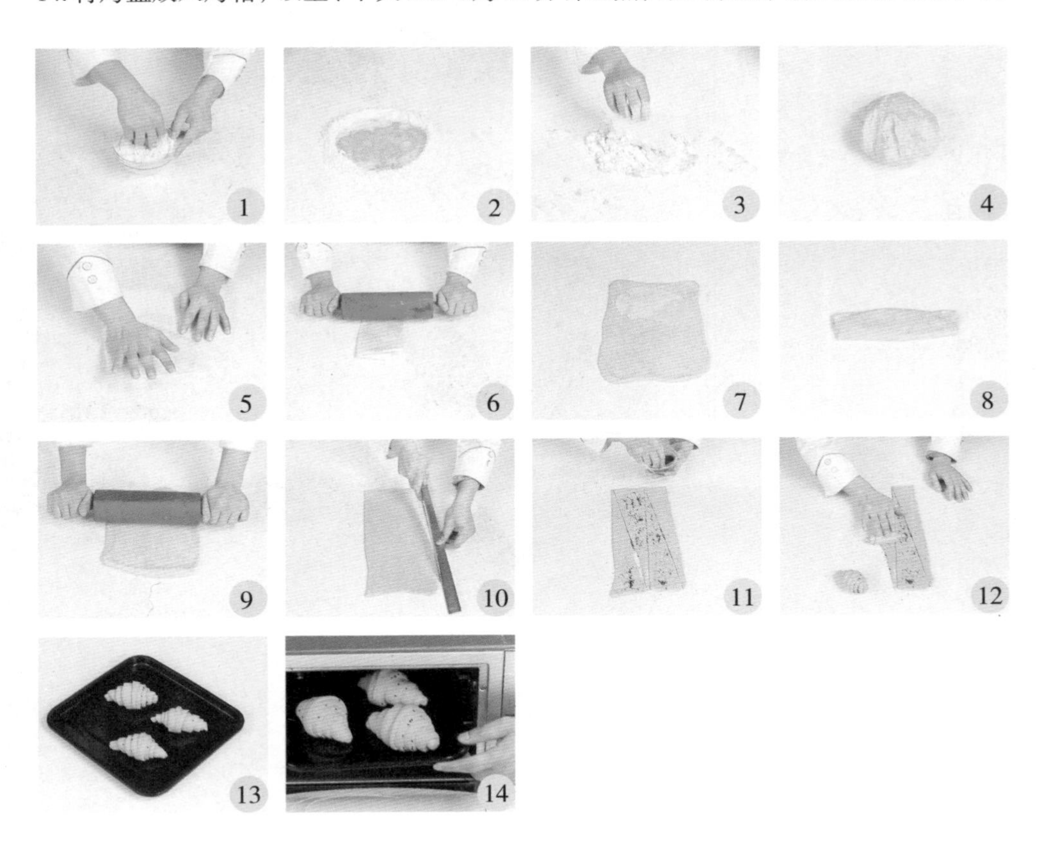

香橙可颂

烘焙： 烤箱中层，上火 190℃、下火 190℃，烤 15 分钟

材料

高筋面粉	170 克
低筋面粉	30 克
细砂糖	50 克
黄奶油	20 克
奶粉	12 克
盐	3 克
干酵母	5 克
水	88 毫升
鸡蛋	40 克
片状酥油	70 克
糖渍陈皮	40 克

工具

刮板	1 个
擀面杖	1 根
油纸	1 张
小刀	1 把
烤箱	1 台

做法

1. 在碗中将低筋面粉、高筋面粉、奶粉、干酵母、盐拌匀。
2. 将拌好的材料倒在面板上开窝，倒入水、细砂糖、鸡蛋拌匀，揉成湿面团。
3. 加黄奶油拌匀，揉搓成光滑的面团。
4. 油纸包好片状酥油擀薄，面团擀成薄面皮，放上酥油片，再折叠擀平。
5. 将面皮折三折，放冰箱冷藏 10 分钟。
6. 取出面团继续擀平，重复上述操作两次，制成酥皮。
7. 取适量酥皮擀薄、修齐，用小刀切成三角块。
8. 糖渍陈皮放在三角形酥皮上，卷成羊角状。
9. 预热烤箱，以上下火 190℃烤 15 分钟至熟。

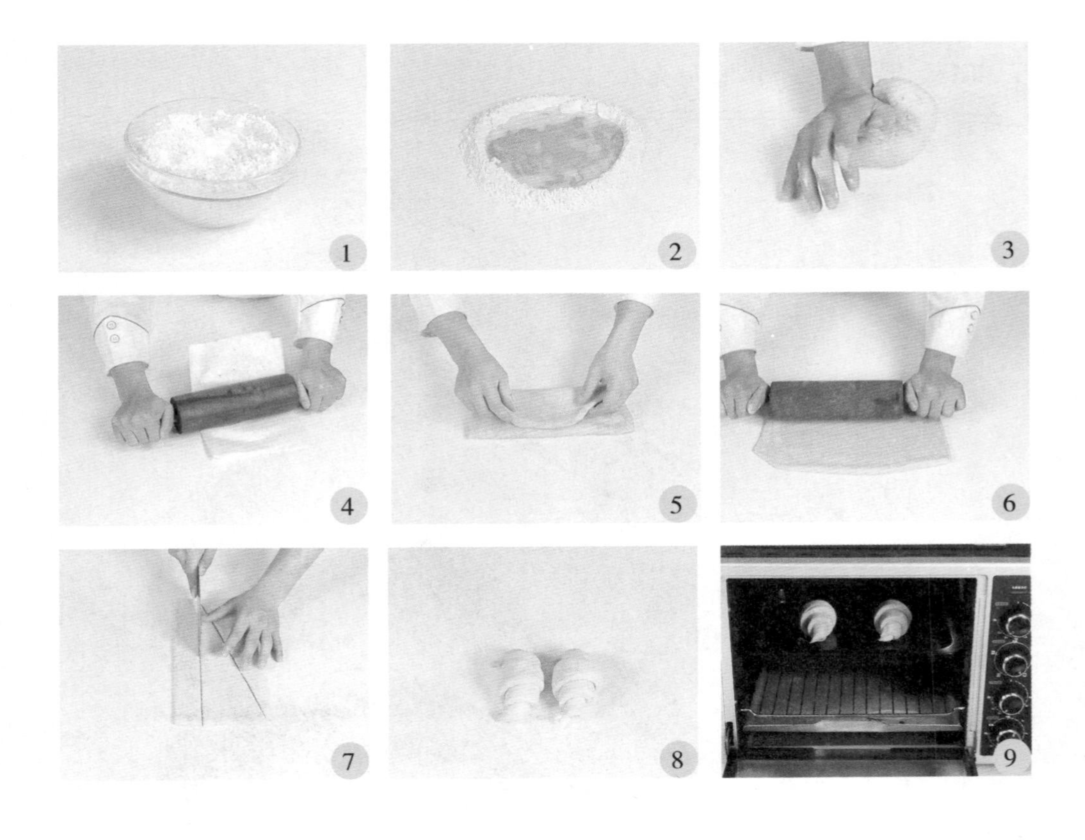

小贴士

擀面皮的时候要把握好力度和面皮的厚薄度。

扫二维码看视频

培根奶酪可颂

烘焙： 烤箱中层，上火 190℃、下火 190℃，烤 15 分钟

材料

酥皮： 高筋面粉 170 克，低筋面粉 30 克，细砂糖 50 克，黄奶油 20 克，奶粉 12 克，盐 3 克，酵母 5 克，水 88 毫升，鸡蛋 40 克，片状酥油 70 克

馅料： 芝士 30 克，培根 40 克

工具

刮板 1 个，擀面杖 1 根，烤箱 1 台，小刀 1 把，油纸 1 张

做法

1. 在碗中将低筋面粉、高筋面粉、奶粉、酵母、盐拌匀。
2. 将拌好的材料倒在面板上，用刮板开窝；倒入水、细砂糖、鸡蛋拌匀。
3. 将材料揉成湿面团，加入黄奶油拌匀，揉搓成光滑的面团。
4. 用油纸包好片状酥油，用擀面杖将面团擀成薄面皮，放上酥油片。
5. 将三分之一的面皮折叠，再将剩下的折叠起来，放入冰箱，冷藏 10 分钟。
6. 取出面团，继续擀平，将上述动作重复操作两次即成酥皮。
7. 取酥皮，用擀面杖擀薄。
8. 用刀将酥皮边缘切平整，分切成等份的直角三角块。
9. 酥皮放上一片培根，放上适量芝士。
10. 再卷成羊角状，制成生坯。
11. 按照相同方法，完成其余生坯制作。
12. 生坯装入烤盘，常温发酵 90 分钟。
13. 把烤箱上下火均调为 190℃，预热 5 分钟。
14. 打开箱门，放入发酵好的生坯，关箱门，烘烤 15 分钟至熟。
15. 戴上手套，打开箱门，将烤好的面包取出即可。

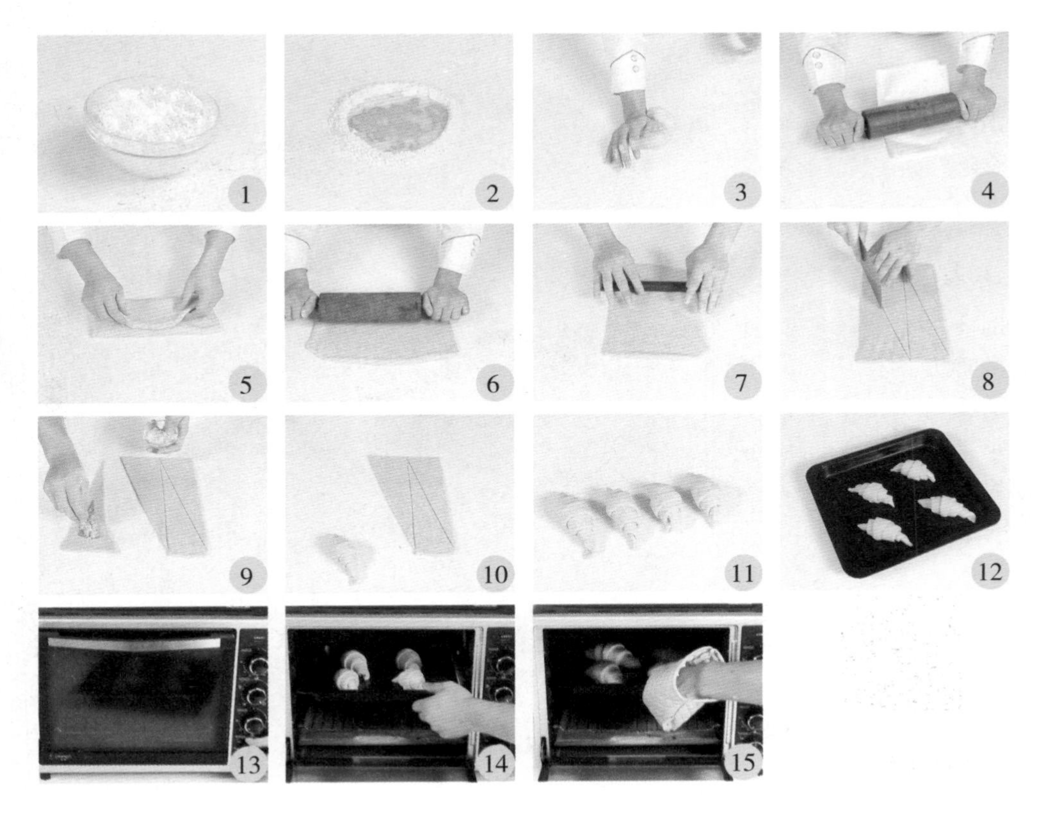

肉松香肠可颂

烘焙： 上火 190℃、下火 190℃，烤 15 分钟

材料

酥皮：

高筋面粉	170 克
低筋面粉	30 克
细砂糖	50 克
黄奶油	20 克
奶粉	12 克
盐	3 克
酵母	5 克
水	88 毫升
鸡蛋	40 克
片状酥油	70 克

馅料：

香肠	45 克
肉松	适量

工具

刮板	1 个
擀面杖	1 根
油纸	1 张
小刀	1 把
烤箱	1 台

扫二维码看视频

做法

1. 在碗中将低筋面粉、高筋面粉、奶粉、酵母、盐拌匀。
2. 将拌好的材料倒在面板上用刮板开窝，加水、细砂糖、鸡蛋、黄奶油混匀，搓成光滑的面团。
3. 油纸包好片状酥油擀薄，面团擀成薄面皮，放上酥油片，再折叠擀平。
4. 将面皮折三折，放入冰箱，冷藏 10 分钟。
5. 取出面团继续擀平，重复上述操作两次，制成酥皮。
6. 取酥皮擀薄修平整，切成三角块。
7. 放上香肠，再放上肉松，卷成羊角状，制成生坯，常温发酵 90 分钟。
8. 预热烤箱，放入生坯，以上下火 190℃烤 15 分钟至熟即可。

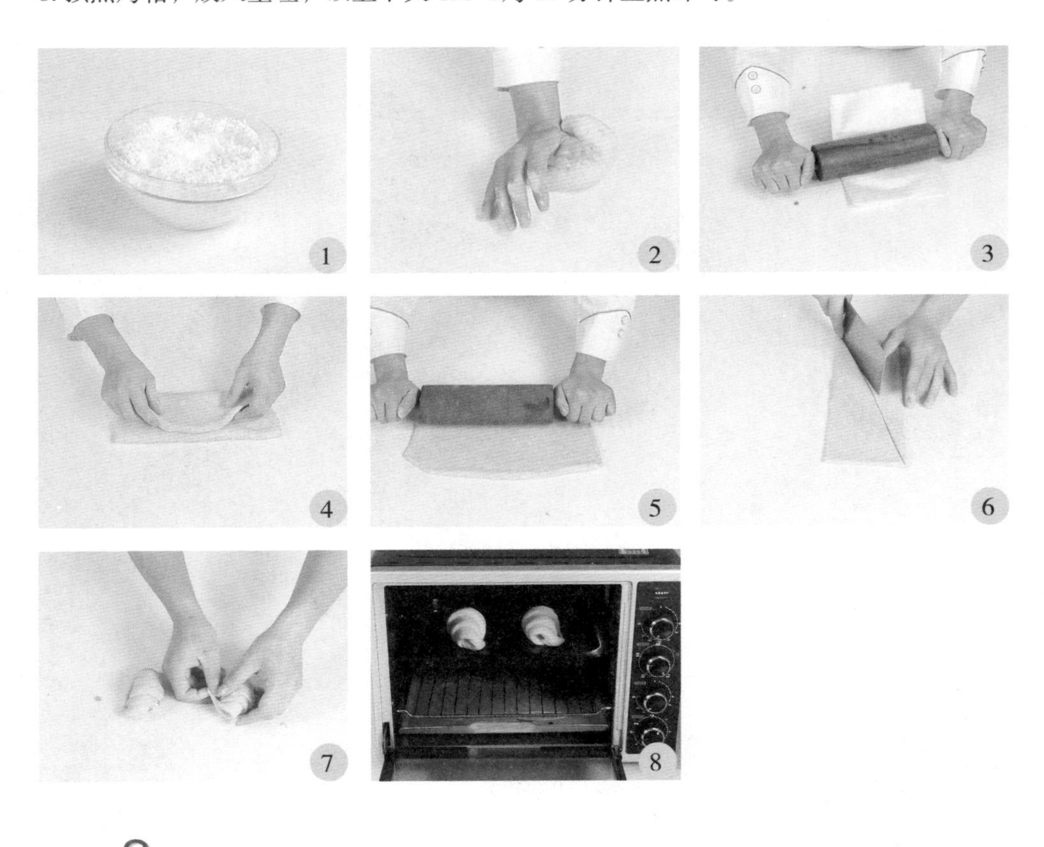

小贴士

可以将香肠切成粒，这样口感会更好。

扫二维码看视频

丹麦巧克力可颂

烘焙：烤箱中层，上火 200℃、下火 190℃，烤 15 分钟

材料

高筋面粉 170 克，低筋面粉 30 克，黄奶油 20 克，鸡蛋 1 个，片状酥油 70 克，水 80 毫升，细砂糖 50 克，酵母 4 克，奶粉 20 克，巧克力豆适量

工具

刮板 1 个，擀面杖 1 根，尺子、小刀各 1 把，烤箱 1 台，油纸 1 张

做法

1. 将高筋面粉、低筋面粉、奶粉、酵母倒在面板上，搅拌均匀。
2. 用刮板在中间掏一个窝，倒入备好的细砂糖、鸡蛋，将其拌匀。
3. 倒入水，与周围的面粉搅拌匀。
4. 再倒入黄奶油，一边翻搅一边按压，制成表面平滑的面团。
5. 撒点干粉在面板上，用擀面杖将面团擀制成长形面片，放入片状酥油。
6. 将另一侧面片覆盖，把四周的面片封紧，将里面的酥油擀至分散均匀。
7. 将擀好的面片叠成三折，放入冰箱冷藏 10 分钟。
8. 待 10 分钟后将面片拿出继续擀薄，依此反复进行三次，再拿出擀薄擀大。
9. 将边修整齐，用尺子量好，用刀将面片分成大小一致的长等腰三角形的面皮。
10. 依次将巧克力豆均匀地放到三角面皮宽的那端。
11. 再将面皮从宽的那端慢慢卷制成面坯放入烤盘，发酵至两倍大待用。
12. 烤盘放入预热好的烤箱，关上箱门。
13. 上火调为 200℃，下火调为 190℃，时间定为 15 分钟烤至面包松软。
14. 待 15 分钟后，戴上隔热手套将烤盘取出放凉。
15. 将放凉的面包装入盘中即可食用。

焦糖香蕉可颂

烘焙： 烤箱中层，上火 190℃、下火 190℃，烤 15 分钟

材料

高筋面粉	170 克
低筋面粉	30 克
细砂糖	50 克
黄奶油	20 克
奶粉	12 克
盐	3 克
酵母	5 克
水	88 毫升
鸡蛋	40 克
片状酥油	70 克
焦糖	30 克
香蕉肉	40 克

工具

刮板	1 个
擀面杖	1 根
小刀、刷子	各 1 把
油纸	1 张
烤箱	1 台

扫二维码看视频

做法

1. 将碗中的低筋面粉、高筋面粉、奶粉、酵母、盐拌匀。
2. 将拌好的材料倒在面板上用刮板开窝，倒水、细砂糖、鸡蛋、黄奶油拌匀，揉成面团。
3. 用油纸包好片状酥油擀薄。面团擀成薄面皮，放上酥油片，再折叠擀平。
4. 面皮折三折，放入冰箱，冷藏 10 分钟。
5. 取出面团继续擀平，重复上述操作两次，制成酥皮。
6. 取酥皮擀薄修整齐，切成等份三角。
7. 香蕉肉放在酥皮上，卷成羊角状。
8. 烤箱预热，放入发酵好的生坯，以上下火 190℃烘烤至熟，取出后用刷子刷上一层焦糖即可。

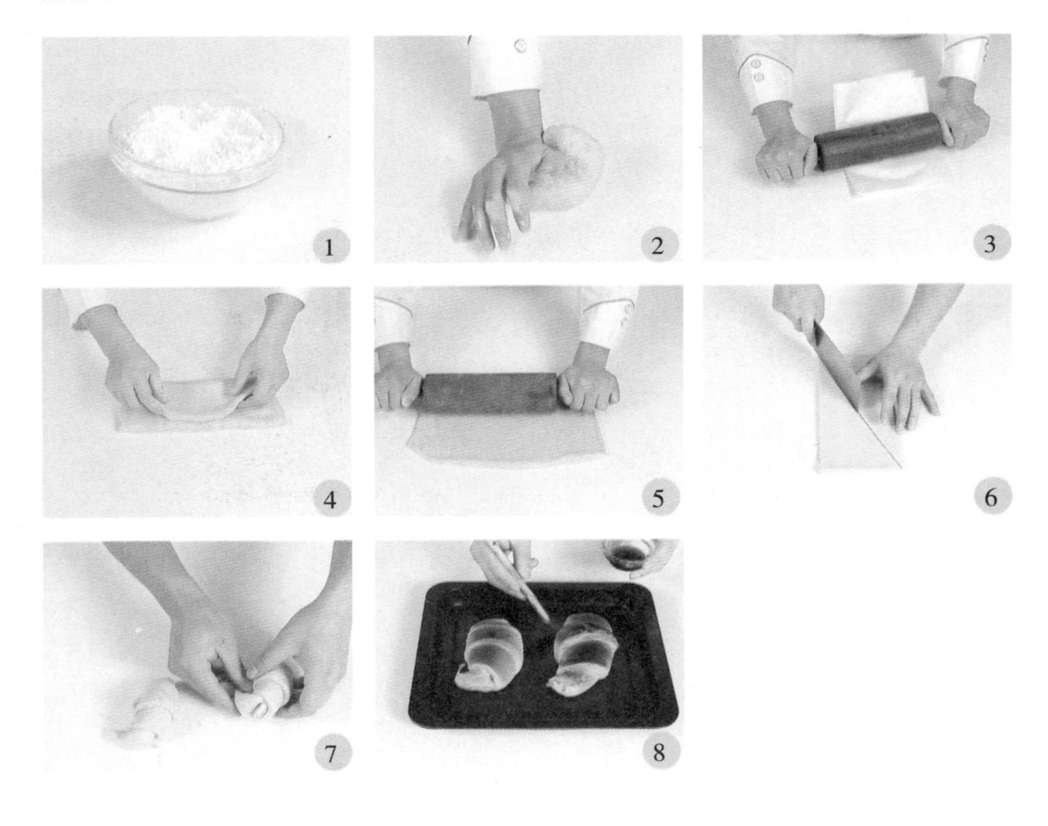

小贴士

面皮放入冰箱冷藏的时间不能太长，以免影响后面的制作。